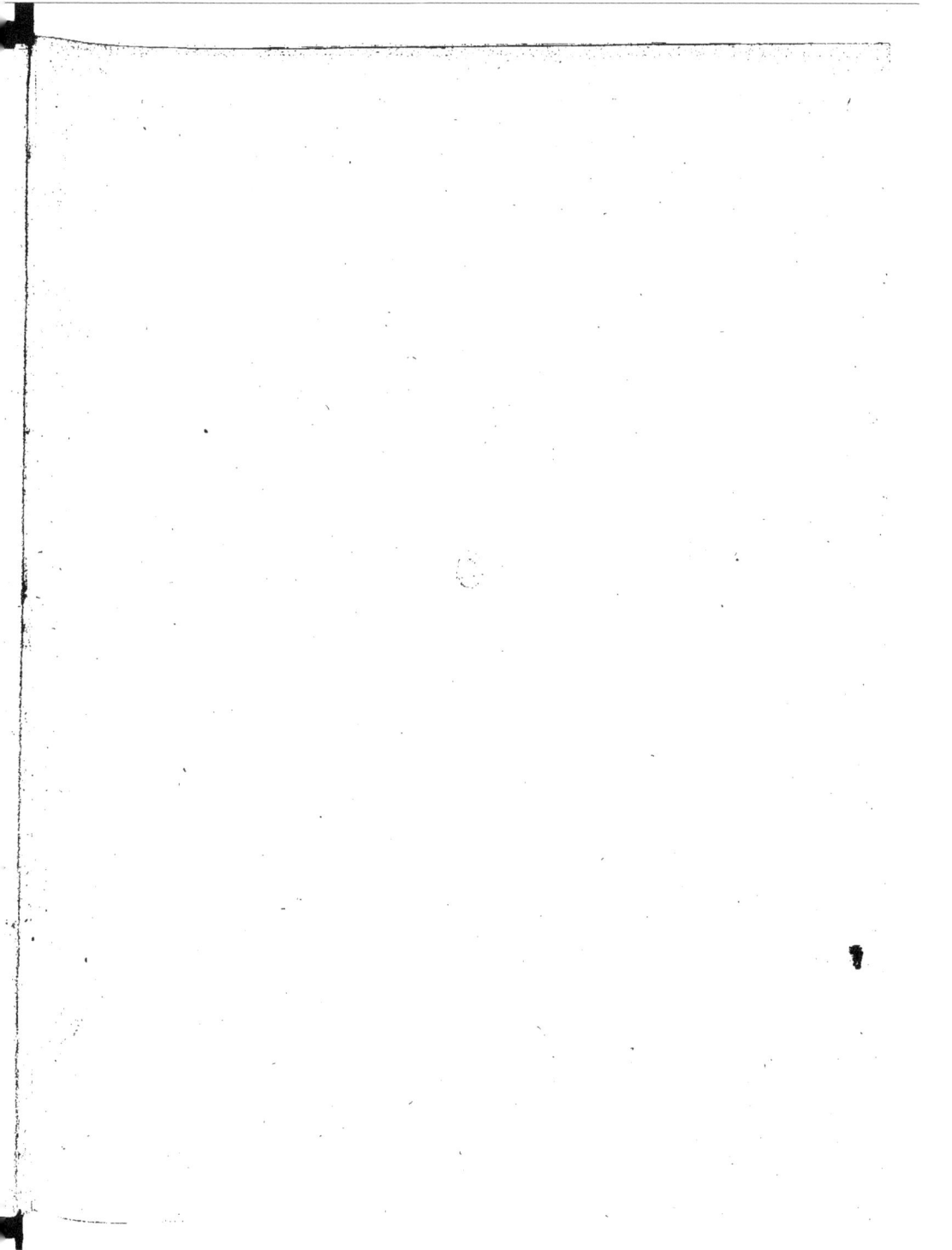

V

©

1372

École Centrale
des Arts et Manufactures

Cours

de

Résistance appliquée

*

Professeur Mr V. Contamin.

Anneé scolaire 1873-74.

Préliminaires.

Le cours de résistance appliquée a pour-objet de déterminer les dimensions qu'il convient de donner aux diverses pièces qui composent les machines et les constructions fixes, pour qu'elles puissent remplir le rôle qu'elles sont appelées à jouer dans le système matériel dont elles font partie.

Les grandes dimensions des pièces sont toujours données par le but que la machine et les constructions doivent remplir. Ainsi, dans un pont, la longueur des poutres dépend de l'espace à couvrir ; dans une machine, les axes et les longueurs des diverses parties résultent de considérations tirées de la Cinématique et du travail que la machine doit produire. Le Cours qui fait l'objet de ces leçons n'a donc pour but que d'indiquer les méthodes à suivre pour déterminer les dimensions perpendiculaires aux axes des pièces.

La dynamique et la statique permettent de trouver dans laplupart des cas la valeur des forces qui sollicitent les solides considérés ; les formules de la résistance des matériaux complètent souvent la détermination de ces forces, et donnent, presque toujours, le moyen de trouver les dimensions qu'il faut donner aux pièces, pour que la matière qui les compose résiste aux forces qui agissent sur elles, et pour qu'elles ne se déforment que dans des limites admises par la pratique.

Pour procéder du simple au composé, nous examinerons successivement les applications relatives à l'extension, à la compression, à la torsion et à la flexion. Nous étudierons ensuite celles qui se rapportent à la flexion et à la torsion simultanées ; enfin, nous terminerons en indiquant comment l'on étudie complètement une machine et une construction fixe.

§ . 1er.

Applications relatives à l'extension.

Les formules auxquelles on arrive dans l'étude de ce cas simple de la résistance des matériaux sont, comme pour tous les autres cas, de deux espèces. Celles qui se rapportent aux relations qui existent entre les forces extérieures, les dimensions et les forces intérieures qui se développent dans la pièce ; puis celles relatives aux relations qui existent entre les forces extérieures, les dimensions et les déformations subies par le solide considéré.

Les formules du premier groupe se réduisent, dans le cas actuel, à la relation:

$$R = \frac{N}{\Omega} \qquad (1)$$

Celles relatives à la seconde division, se résument dans la formule:

$$\frac{\Delta \ell}{\ell} = i = \frac{R}{E} \qquad (2)$$

Les diverses lettres ci-dessus ont les significations suivantes:

R — est l'effort d'extension, rapporté à l'unité de surface, qui sollicite la pièce considérée, supposée prismatique et d'un poids propre négligeable, lorsqu'on le compare aux forces qui agissent sur elle.

N — est l'effort d'extension longitudinal auquel le solide est soumis.

Ω — est la section transversale de la pièce.

Δl — est l'allongement total subi par le solide, soumis à l'effort d'extension N.

L — est la longueur primitive de la pièce.

E — enfin, est le coefficient d'élasticité qui se rapporte à la nature propre du solide étudié.

Dans chacune des applications que nous allons passer en revue, et qui s'appuient sur les formules que nous venons de rappeler, nous adopterons pour unité de longueur le mètre, pour unité de surface le mètre carré, et pour unité de force le Kilogramme. Quant aux valeurs de (R), de (E) et de (i), qui se rapportent aux diverses matières que l'on peut avoir à considérer, nous les résumons dans le tableau ci-dessous emprunté au cours de mécanique appliquée :

Éléments à considérer	Désignation	Fer	Acier	Fonte	Cuivre	Chêne	Sapin	Plomb
Coefficient d'élasticité	E	20×10^9	20×10^9	10×10^9	10×10^9	$1,2 \times 10^9$	1.5×10^9	0.5×10^9
Charge pratique par unité de surface	R_p	6×10^6	15×10^6	2.5×10^6	4×10^6	0.7×10^6	0.8×10^6	0.45×10^6
Allongement proportionnel correspt	$\frac{\Delta}{e} \; i_p$	0.0003	0.00075	0.00025	0.0004	0.00058	0.00053	0.0009
Charge limite d'élasticité par unité de surface	R_e	12×10^6	30×10^6	8×10^6	20×10^6	2×10^6	2×10^6	1×10^6
Allongt correspt par unité de longueur	i_e	0.0006	0.0015	0.0008	0.002	0.00167	0.00133	0.002
Charge de rupture par unité de surface	R_r	40×10^6	70×10^6	12×10^6	$"$	8×10^6	7×10^6	1.35×10^6

Des Boulons.

Les boulons sont des organes décrits dans le cours de construction de machines, nous n'avons donc à nous occuper ici que du calcul des dimensions qu'il faut donner aux diverses parties dont ils sont composés, pour que les efforts intérieurs qui s'y développent ne dépassent pas la limite pratique qui se rapporte à la matière avec laquelle ils ont été fabriqués.

Les boulons ne sont étudiés qu'en vue de résister à l'extension. Si les forces, qui agissent sur les pièces réunies par eux, tendent simplement à les écarter l'une de l'autre, normalement aux surfaces de jonction, l'effort d'extension auquel chaque boulon a à résister est facile à calculer. Il est plus difficile à évaluer lorsque ces forces tendent en même temps à faire glisser les pièces les unes par rapport aux autres. Dans ce dernier cas, malgré les dispositions adoptées pour empêcher ce glissement, et que nous indiquons ci-contre, on calcule les boulons pour produire un serrage des surfaces en contact tel, que le frottement répondant à ce serrage soit supérieur à l'effort qui peut faire glisser les pièces les unes par rapport aux autres.

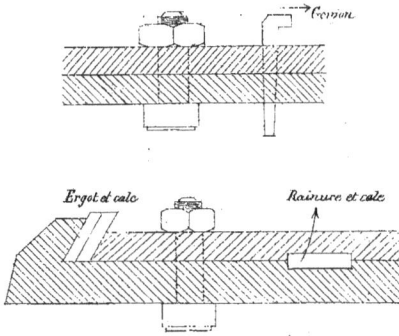

Ergot et cale   Rainure et cale

En opérant ainsi on admet qu'à un moment donné les dispositions prises pour empêcher le glissement des pièces peuvent manquer, ou bien l'on considère ces dispositions comme de simples mesures de précaution prises en vue d'empêcher les boulons d'être cisaillés dans l'hypothèse possible d'un desserrage des écrous. Mais comme cette manière d'envisager le problème assure le contact des pièces réunies par les boulons, il est essentiel de l'adopter pour base des calculs.

Les trous percés pour le passage des boulons ayant un diamètre toujours un peu plus grand que celui donné à ces organes, afin de tenir compte de la tolérance que l'on est forcé d'accorder dans la fabrication de toute pièce de machine, il en résulte que si l'on admettait la possibilité de calculer les boulons pour résister à des efforts de cisaillement, on admettrait la possibité d'un déplacement des pièces, ce qui présenterait de graves inconvénients. Il faut donc les étudier pour ne résister qu'à des efforts d'extension, qui se déterminent, dans chaque cas particulier, par des considérations étrangères à ce cours.

Cet effort d'extension est produit par le serrage d'un écrou, lequel s'effectue avec une clef. Nous aurons donc à rechercher, en outre des dimensions qu'il faut donner aux diverses parties du boulon, celles qu'il faut donner à l'écrou et à la clef à l'aide desquels on lui fait subir la tension pour laquelle il est calculé.

Boulon.

Il comprend trois parties : la partie filetée, le corps et la tête.

Le diamètre d'un boulon est toujours désigné par celui donné au corps. Ce diamètre étant (d),

celui du noyau de la partie filetée est généralement
($d' = 0.8\ d$); nous admettrons cette relation dans les
calculs qui suivent. Les filets de la partie filetée sont
presque toujours triangulaires, quelquefois, lorsque le
diamètre du boulon est grand, ils sont carrés; nous
étudierons les deux cas.

Dans le premier cas, le profil le plus souvent
adopté pour les filets
de vis des boulons est
un triangle équilatéral,
les relations qui existent
alors entre les diverses
parties de la portion
filetée sont indiquées dans
les croquis ci-contre.

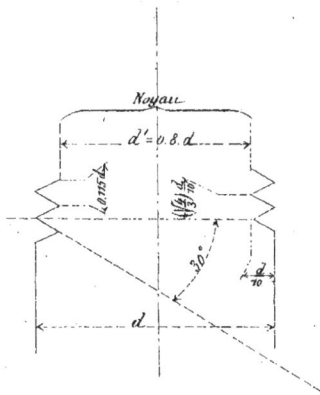

Noyau

$d' = 0.8\ d$

$30°$

$\dfrac{d}{10}$

d

Développement de l'hélice moyenne de contact

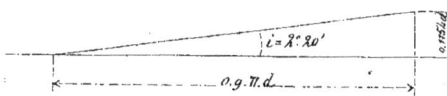

$i = 2°20'$

$0,9\ \pi\ d$

(Tang. i = 0.0408)

Calcul du diamètre à
donner au corps du
boulon :

(F) étant l'effort d'extension
exercé sur le boulon, et
(R) l'effort d'extension
longitudinal, rapporté
à l'unité de surface,
auquel ont à résister les fibres de la partie la plus
fatiguée, c'est-à-dire du noyau, on a pour relation
entre ces quantités et le diamètre du boulon :

$$R = \dfrac{F}{\dfrac{0.64\ \pi\ d^2}{4}}$$

d'où l'on déduit pour formule donnant le diamètre :

$$d = 1.41 \sqrt{\frac{F}{R}} \qquad (1)$$

Dans les boulons pour batiments, fabriqués avec des fers de qualité ordinaire, il ne faut pas que (R) dépasse (3×10^6), la formule donnant la valeur de leur diamètre en fonction de (F) devient donc :

$$d = 0.000813 \sqrt{F}$$

Pour les boulons de machines, en fer de bonne qualité ordinaire, on peut prendre $R = 4 \times 10^6$; pour ces boulons la formule (1) devient donc : $d = 0.000705 \sqrt{F}$. Enfin, pour les boulons de machines en fer de très-bonne qualité on peut prendre $(R = 6 \times 10^6)$, et pour formule donnant leur diamètre :

$$d = 0.000575 \sqrt{F}$$

Les formules ci-dessous adoptées dans beaucoup d'ateliers trouvent leur justification dans ce qui précède :

Boulons pour bâtiments : $d = 0.0007 \sqrt{F}$.

Boulons pour machines en fer de bonne qualité : $d = 0.0006 \sqrt{F}$

Boulons pour machines en acier corroyé : $d = 0.0005 \sqrt{F}$

Boulons pour machines en acier fondu et trempé : $d = 0.0004 \sqrt{F}$

Longueur de la partie filetée.

Cette longueur dépend du nombre (n) de filets qu'il faut engager dans l'écrou. Ce nombre doit être tel, qu'à l'instant où le boulon est soumis à la tension (F), la plus grande pression, rapportée à l'unité de surface, entre l'écrou et la partie filetée ne dépasse pas une valeur (N), déterminée par la condition que le corps lubréfiant interposé entre les surfaces ne soit pas expulsé, et que, par suite, le coëfficient de frottement entre ces mêmes surfaces, ne dépasse pas la valeur (f) qui répond au mode de graissage adopté.

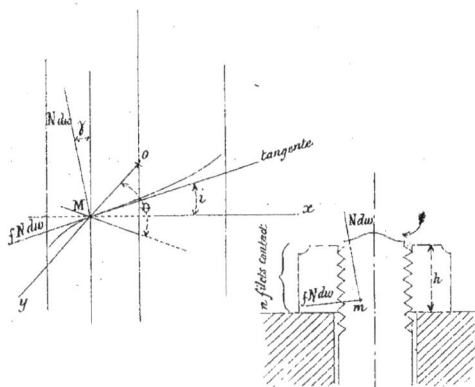

Considérons, à cet effet, l'action de l'écrou contre le boulon au moment où le serrage est arrivé à sa limite extrême, et admettons que l'écrou soit manœuvré par une clef à deux branches dont l'action puisse être supposée équivalente à celle d'un couple. L'on trouve, en considérant l'équilibre de la partie filetée engagée dans l'écrou, et en projetant les forces qui agissent sur elle sur un axe vertical:

(Voir dictionnaire des mathématiques appliquées de M. Sonnet page 1420).

$$F = N\left(\sum d\omega \cos\gamma - f \sum d\omega \sin i\right)$$

$$Or : \Sigma\, d\omega \cos \gamma = n \frac{n}{4} (d^2 - d'^2) = 0.36 \; n \times \frac{\pi d^2}{4}$$

$$\Sigma\, d\omega = \text{sensiblement à} : \frac{0.36\, n\, \pi\, d^2}{4 \cos \theta}$$

Il vient donc en substituant :

$$F = \frac{0.36\, n\, \pi\, d^2}{4}\; N\, (1 - \frac{f\, s\, mi}{\cos \theta}) \qquad (2)$$

Relation de laquelle on déduit (n) lorsque (N), (f), (Smi), (Cos θ) et (d) sont donnés.

Dans les conditions de profil que nous supposons : θ = 0.30°, (Smi), si l'on considère l'hélice moyenne de contact, est égal à (0.04), enfin, (f) peut être pris égal à (0.12); la valeur de $\frac{f\, s\, mi}{\cos \theta}$ n'est donc que de 0.0055, par suite, on peut, dans le cas de profil que nous avons considéré, admettre pour formule donnant le nombre de filets qu'il faut engager dans l'écrou :

$$n = \frac{F}{\frac{0.36\, \pi\, d^2}{4}\, N} = \frac{\frac{0.64\, \pi\, d^2}{4}\, R}{\frac{0.36\, \pi\, d^2}{4}\, N} \qquad \text{d'où l'on déduit :}$$

$$n = 1.78 \frac{R}{N}$$

Pour que le graissage soit possible il ne faut pas que (N) dépasse 600 000 Kil. par unité de surface, on a donc enfin, pour expression du nombre de filets qu'il faut engager dans l'écrou :

$$n = 0.00000296 \times R \qquad (3)$$

Ce nombre connu, l'on en déduit la hauteur de l'écrou en le multipliant par le pas 0.1154 d. Cette hauteur étant représentée par (b) on a pour expression de cette quantité :

$$b = 0.1154 \times n \times d = 0.000\,000\,341\ R \times d.$$

Si ($R = 3 \times 10^6$), cas des boulons pour bâtiments, on a :
$$n = 8,88 \qquad\qquad b = 1,023\ d.$$

Si ($R = 4 \times 10^6$), cas des boulons ordinaires pour machines, on a :
$$n = 11,84 \qquad\qquad b = 1,364\ d.$$

Si ($R = 6 \times 10^6$), cas des boulons supérieurs pour boulons, on a :
$$n = 17,76 \qquad\qquad b = 2,046\ d.$$

Tête du boulon.

Elle est fabriquée soit par enroulement soit par refoulement.

Dans les deux cas, sa hauteur doit être telle que la résistance à l'arrachement du corps du boulon sur le pourtour de la tête ne dépasse pas 1×10^6 par unité de surface. Si l'on représente par (y) la hauteur qu'il faut donner à la tête pour remplir cette condition, on trouve :

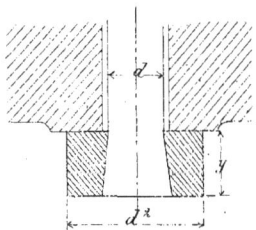

$$\pi \times d \times y \times (1 \times 10^6) = \frac{0.64\ \pi\ d^2}{4}\ R$$

d'où : $y = 0.16\ \dfrac{R}{1 \times 10^6} \times d$

Si $R = 4 \times 10^6$ on trouve $y = 0.64 \times d$

Si $R = 6 \times 10^6$ on trouve $y = 0.96 \times d$

Quant à la surface d'appui de la tête sur la portée, elle doit être calculée en s'imposant la condition que la pression entre les surfaces en contact, soit égale à l'effort d'extension par unité de surface dans le noyau de la partie filetée. Si l'on admet que le diamètre du trou dans lequel le boulon est engagé, est égal à (1.1 d), et si l'on suppose la tête circulaire, on a :

$$\frac{\pi}{4} \left(d''^2 - (1.1 d)^2 \right) = \frac{0.64}{4} \pi d^2$$

d'où : $d'' = 1.36 \times d$

Mais comme dans les applications on n'est jamais assuré du contact sur les éléments extrêmes de la tête, ont adopte généralement $d'' = 1.5$ à $2 \times d$.

Écrou.

Sa hauteur est une conséquence du nombre de filets qui doivent s'y trouver engagés, il ne nous reste donc à déterminer que son diamètre extérieur.

L'écrou est à quatre ou à six pans ; dans les deux cas, il frotte contre une portée qui doit être tournée. Pour que le serrage de l'écrou n'exige pas de trop grands efforts, il faut que le coefficient de frottement entre l'écrou et sa portée ne dépasse pas le nombre f, que nous avons admis. entre l'écrou et les filets ; il faut donc que la pression entre les deux surfaces ne dépasse pas le nombre (N) déjà indiqué.

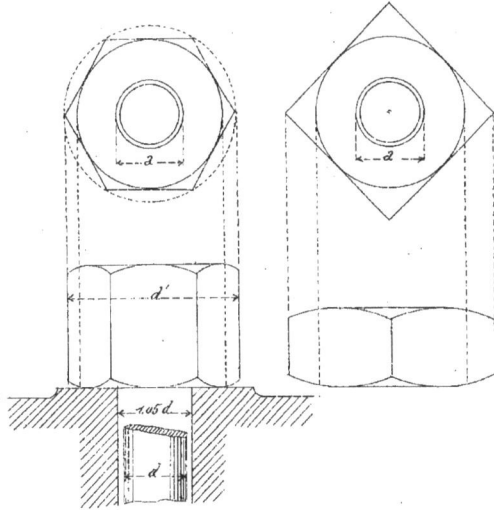

La surface de contact de l'écrou contre la portée est généralement limitée à l'extérieur par la circonférence inscrite à l'hexagone ou au carré suivant lesquels l'écrou se projette, et à l'intérieur par la circonférence du trou du boulon. Et, si, du côté de la tête ce trou, à cause du léger congé qui s'y trouve, a un diamètre égal à $1.1 \times d$, il ne doit pas, du côté de l'écrou, dépasser $1.05 \times d$. Dans ces conditions, si (d') est le diamètre de la circonférence circonscrite à l'hexagone ou au carré, on a pour expression de la surface de contact :

Cas de l'écrou à 6 pans : $S = \dfrac{3}{16}\ \pi d'^2 - \dfrac{\pi}{4}\ (1.05\ d)^2$

Cas de l'écrou à 4 pans : $S = \dfrac{2}{16}\ \pi d'^2 - \dfrac{\pi}{4}\ (1.05\ d)^2$

Et comme la pression exercée par l'écrou contre la portée est égale à la tension totale (F) à laquelle le boulon est soumis, on a pour relation donnant (d') :

Cas de l'écrou à 6 pans :

$$\left(\frac{3}{16}\, \pi\, d'^2 - \frac{\pi}{4}\, (1.05\, d)^2 \right) N = \frac{0.64}{4}\, \pi\, d^2 R = F \qquad d'où$$

$$d' = 1,154 \left(\sqrt{\frac{0.64\ R + 1,1025\, N}{N}} \right)\, d$$

Cas de l'écrou à 4 pans :

$$d' = 1.1414 \left(\sqrt{\frac{0.64\ R + 1,1025\, N}{N}} \right)\, d$$

Dans le cas des boulons pour bâtiments $R = 3 \times 10^6$ et $N = 6 \times 10^5$, on a donc :

Cas de l'écrou à 6 pans
- diam. du cercle circonscrit à l'hexagone $d' = 2,388\, d$
- Côté de l'hexagone $c = 1,194\, d$
- diam. du cercle inscrit à l'hexag. $\sqrt{\frac{3}{4}}\, d = 2,068\, d$

Cas de l'écrou à 4 pans
- diam. du cercle circonscrit au carré $d = 2,926\, d$
- côté du carré $c = 2,068\, d$
- diam. du cercle inscrit au carré $\frac{d'}{\sqrt{2}} = 2,068\, d$

Les boulons pour machines sont toujours à six pans, pour ces boulons on a, si $R = 4 \times 10^6$:

$$d = 2.665 \times d$$

diamètre de l'hexagone $= 1.332 \times d$

diamètre du cercle inscrit $= 2.307 \times d$

Clef servant à manœuvrer l'écrou.

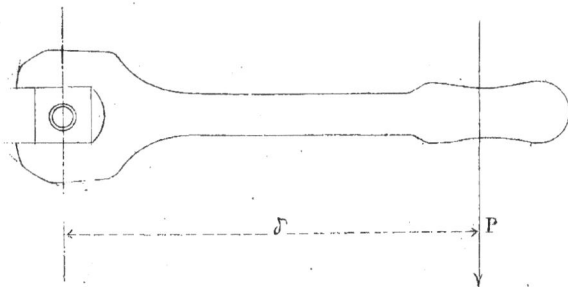

Le plus souvent, le serrage est produit au moyen de clefs sur lesquelles on n'agit que d'un côté de l'écrou. L'action (P) exercée à l'extrémité de la clef a donc pour équivalente un couple (P δ) et une pression latérale exercée par l'écrou contre la partie filetée, égale à (P).

Dans les formules qui suivent on ne tient pas compte de cette pression latérale parce qu' on la suppose faible par rapport aux autres forces qui agissent sur la partie filetée.

Il y a donc intérêt, lorsqu'on manœuvre les écrous avec des clefs calculées par ces formules, à accroître le facteur (δ) par rapport à (P), et, par suite, à ne jamais faire manœuvrer les clefs que par un seul homme.

Si l'écrou est manœuvré par une clef à deux branches, on peut admettre que la pression latérale contre le filet n'existe plus, mais à la condition que les forces qui agissent sur les branches aient pour équivalente un couple.

Représentons par (MP) le moment de la force qui produit le maximum de serrage, on trouve pour expression de ce moment, dans le cas des vis à filets triangulaires, et dans l'hypothèse où la résultante des réactions de la portée contre l'écrou est à une distance de l'axe égale

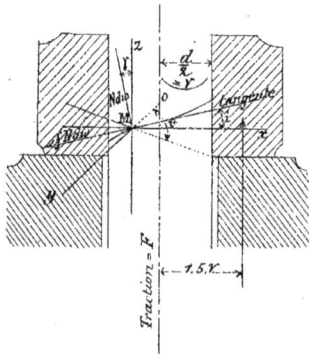

$$\left[1.5 \; \frac{d}{2} \;=\; 1.5 \times r \right]$$

$$M\,P = Fr \left[1.5f + \frac{f' + \tan g\, i}{1 - f' \tan g\, i} \right]$$

(f') étant exprimé en fonction des données de la question et du coefficient de frottement par la relation :

$$f' = f \cos i \sqrt{1 + \tan g^2 i + \tan g^2 \theta}$$

Dans le cas considéré l'on a : $f = 0.12$, $\tan g\, i = 0.0408$, $\cos i = 0.99917$ et $\tan g\, \theta = 0.577$; il vient donc : $f' = 0.138$, d'où :

$$M\,P = 0.1795 \; F \times d$$

Et en substituant à (d) son expression en fonction de (F) :

$$M\,P = 0.253 \sqrt{\frac{F^3}{R}}$$

Boulons à filets carrés.

Cette dernière formule est seule modifiée lorsqu'on applique les raisonnements qui précèdent aux boulons à filets carrés. Dans ce cas la plus grande valeur du moment des forces qui produisent le serrage est donnée par la relation

$$M P = Fr \times \left(1.5 f + \frac{f \tan gi}{1 - f \tan gi} \right)$$

Dans ces filets, la hauteur du pas est au moins égale à $(\frac{d}{5})$, si le diamètre du noyau est toujours les huit dixièmes de celui du corps du boulon. L'inclinaison de l'hélice moyenne de contact a donc pour valeur minimum : $\tan gi = 0.0708$, et, par suite, la plus petite valeur du couple de torsion est, dans ces conditions, égale à :

$$M P = 0.1865 \, F \times d .$$

Pour ces boulons le moment du serrage est donc un peu plus grand que celui trouvé pour les vis à filets triangulaires ; la relation entre les deux moments est :

Moment de serrage des vis à filets carrés : $= 1,039$ du moment de serrage des vis à filets triangulaires.

Nous donnons dans le tableau qui suit les dimensions qu'il faut donner aux boulons pour machines et à leurs accessoires dans l'hypothèse $R = 4 \times 10^6$

Boulons pour Machines avec écrous à six pans.

($R = 4 \times 10^6$ $N = 6 \times 10^5$ et $f = 0.12$).

Effort d'extension F	diam. du corps du boulon $d = 0.000705 \sqrt{F}$	Hauteur de l'écrou $h = 1.36 \times d$	diam. exter. de l'écrou $d' = 2.665 \times d$	M $P = 0.1795\,Fd$	δ calculé en supposant $P = 15^{k}$
100 K	0ᵐ.0070	0ᵐ.0095	0 . 0186		
200 „	0 . 0098	0 . 0135	0 . 0261	0 . 356	0 . 023
300 „	0 . 0121	0 . 0163	0 . 0322		
400 „	0 . 0141	0 . 0191	0 . 0375		
500 „	0 . 0156	0 . 0212	0 . 0415	1 . 404	0 . 093
600 „	0 . 0171	0 . 0232	0 . 0455		
700 „	0 . 0185	0 . 0251	0 . 0493		
800 „	0 . 0198	0 . 0271	0 . 0527	2 . 851	0 . 190
900 „	0 . 0210	0 . 0285	0 . 0559		
1000 „	0 . 0221	0 . 0300	0 . 0588	3 . 978	0 . 265
1100 „	0 . 0232	0 . 0315	0 . 0618		
1200 „	0 . 0242	0 . 0329	0 . 0644	5 . 220	0 . 348
1300 „	0 . 0252	0 . 0342	0 . 0671		
1400 „	0 . 0262	0 . 0356	0 . 0698	6 . 602	0 . 440
1500 „	0 . 0271	0 . 0368	0 . 0722		
1600 „	0 . 0282	0 . 0383	0 . 0751	8 . 100	0 . 540
1700 „	0 . 0288	0 . 0391	0 . 0767		
1800 „	0 . 0297	0 . 0403	0 . 0791	9 . 540	0 . 636
1900 „	0 . 0305	0 . 0414	0 . 0812		
2000 „	0 . 0313	0 . 0425	0 . 0834	11 . 270	0 . 751
2100 „	0 . 0321	0 . 0436	0 . 0855		2 hommes agissant sur la clef et l'effort prié égal à 30ᵏ
2200 „	0 . 0328	0 . 0446	0 . 0874		
2300 „	0 . 0335	0 . 0455	0 . 0892		
2400 „	0 . 0343	0 . 0466	0 . 0914	14 . 730	0 . 490
2500 „	0 . 0352	0 . 0478	0 . 0938		

Considérations générales sur le calcul des boulons.

——

Nous ne nous sommes pas préoccupés des conditions de résistance à la torsion des diverses parties du boulon, parce qu'il est facile de démontrer que, dans les hypothèses de nos calculs, les dimensions nécessaires pour résister à ce genre de déformation, sont sensiblement inférieures à celles nécessaires pour résister à l'extension. Le couple de torsion auquel les diverses parties du boulon ont à résister a, en effet, pour valeur, dans le cas des filets triangulaires :

$$(P_p) = F r . \left(\frac{f' + \tan i}{1 - f' \tan i} \right)$$

Avec le profil adopté, et en supposant comme précédemment le coefficient du frottement entre l'écrou et les filets égal à : (0.12), on a :

$$P_p = 0.179 \, F . r = 0.0805 \, F . d.$$

Si à (r) on substitue l'expression du rayon moyen de contact en fonction du diamètre, expression pour laquelle on peut prendre ($r = \frac{0.9 \cdot d}{2}$). Dans la partie la plus fatiguée du boulon, c'est-à-dire dans le noyau, l'effort de glissement des éléments les uns sur les autres, dans un plan perpendiculaire à l'axe, a donc pour valeur par unité de surface :

$$R_t = \frac{5.095 \, P_p}{(0.8 \, d)^3} = \frac{0.8 \, F}{d^2}$$

Si le boulon était calculé pour résister simplement à la torsion on aurait pour expression de
son diamètre en fonction de (F) et de (R$_t$) qui est
pour le fer sensiblement égal à (R);

$$d_t = 0.89 \sqrt{\frac{F}{R}}$$

L'expression du diamètre nécessaire pour
résister à l'extension est : $d_e = 1.41 \sqrt{\frac{F}{R}}$; ce diamètre est
donc une fois et demie plus grand que celui qui
répond à la torsion; par suite, il n'y a pas lieu, dans
les calculs, de se préoccuper de l'influence qu'elle exerce
sur les conditions de résistance des boulons.

———————

Les dimensions obtenues par les formules que
nous avons données diffèrent d'une manière assez sensible de celles données par Mr Armengaud dans son
Vignole du mécanicien, et par Mr Redtenbacher dans
son traité des organes des machines. Quelques mots
suffisent pour expliquer ces différences.

Tous deux ont établi des lois empiriques repro-
duisant approximativement les dimensions des différents
types de boulons d'un très-habile constructeur anglais
appelé Whitworth; l'examen de ces formules explique
les différences que nous signalons, et justifie, en même
temps les valeurs données dans nos calculs, aux lettres
(N) et (f). Les règles formulées par ces auteurs
peuvent se résumer comme suit.

Le diamètre à donner au boulon sera

calculé par la formule :

$$d = 0.0011 \sqrt{F}.$$

Jusqu'à 0.060 de diamètre les filets seront triangulaires, au-delà ils seront carrés. Le profil triangulaire sera déterminé par les éléments suivants :

pas du filet $p = 0.08\,d + 0.001$

profondeur $h = \dfrac{19}{30}\,p$

diamètre du noyau $d' = 0.8988\,d - 0.00126$

L'écrou aura pour dimensions :

Écrous à 6 pans :

Diamètre du cercle inscrit dans l'hexagone.

$$= 1.4\,d + 0.005$$

Diamètre du cercle circonscrit à l'hexag :

$$= 1.61\,d + 0.00575$$

Écrous carrés :

Diamètre du cercle inscrit dans le carré :

$$= 1.4\,d + 0.005$$

Dans les deux cas la hauteur de l'écrou sera comprise entre 1.2 à 1.4 de (d)

La tête, enfin, aura la même forme que l'écrou, mais sa hauteur ne sera que $h' = 0.7\,d + 0.0025$

Lorsque l'on compare ces relations à nos formules l'on reconnait que dans les boulons calculés par la formule Whitworth, la plus grande tension des fibres ne dépasse pas ($1^k.3$) par (m.m²). Cette même formule appliquée à notre profil de filet donnerait $R = 1^k.6129 \times 10^6$. Cette fatigue est évidemment en dehors de toute proportion avec l'effort de sécurité auquel on peut soumettre la matière composant les boulons, et cela d'autant plus que les fers composant ces pièces ont une résistance

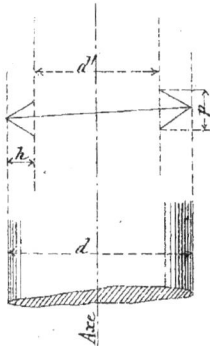

absolue supérieure à celle des fers composant les tôles et cornières que l'on ne craint pas de soumettre à des efforts d'extension de 5 et 6 kilogr. par millimètre carré. Cette formule présente un autre inconvénient très-grave, elle est indépendante du coefficient de résistance (R), et s'applique, par suite, aussi bien aux boulons en fer de très-bonne et très-médiocre qualité.

Si l'on recherche la plus grande compression qui existe dans ces boulons entre l'écrou et le filet, on trouve que cette compression ne dépasse pas (400.000 Kg) Dans nos calculs, nous avons adopté le nombre (600000^K) qui répond à la pression limite au-delà de laquelle le graissage n'est plus possible, par ce que, soumettant les boulons à des tensions bien supérieures à celles considérées par MM. Armengaud et Redtenbacher, nous n'avons pas voulu exagérer les dimensions de l'organe produisant le serrage, c'est-à-dire, de l'écrou. Le nombre de ces pièces qui entrent dans une construction étant très considérable, il est, en effet, très-important de ne pas exagérer les dimensions, ce qui serait coûteux, et de ne pas les faire trop faibles, ce qui serait dangereux.

Des Rivets.

—

Ils sont en fer ou en cuivre, dans les deux cas ils doivent être posés à chaud. La pose à froid n'est qu'une exception. Ils ne doivent agir que par l'état de tension dans lequel se trouvent leurs fibres, tension résultant de ce que posés à une température (t) ils n'ont pas pu se contracter librement en se refroidissant à la température du milieu dans lequel ils se trouvent. De ce fait il résulte, dans le cas où le rivet réunit deux tôles, que ces pièces, serrées l'une contre l'autre par la tête et la rivure, ne peuvent glisser l'une sur l'autre que si elles sont soumises à l'action de forces, parallèles aux surfaces, égales et opposées, plus grandes que la tension du rivet multipliée par le coefficient de frottement des surfaces en contact.

La raison pour laquelle il faut éviter que les rivets soient cisaillés est la même que celle donnée pour les boulons : les trous ayant un diamètre supérieur à celui du rivet, l'on aurait, en outre des dangers que présente le cisaillement, un déplacement relatif des corps en contact qui pourrait présenter des inconvénients qui ressortiront des applications que nous faisons plus loin.

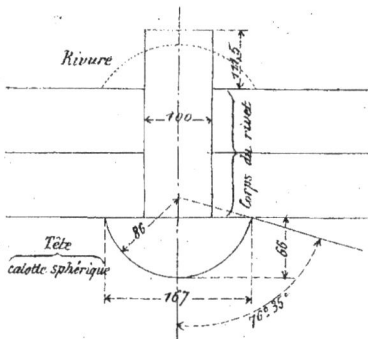

Rivure
—100—
Corps du rivet
Tête
calotte sphérique
86
66
—167—
76°35'

Les proportions généralement admises entre les diverses parties d'un rivet sont celles indiquées ci-contre. Ces proportions supposent que la rivure a la même forme et le même volume que la tête.

Il est très-important de donner à la bouterolle le profil bien exact que doit avoir la rivure. En effet, si son volume en creux est plus grand que celui de la rivure, il en résulte forcément que celle-ci n'appuie pas exactement par toute sa surface sur la tôle, d'où des inconvénients que les calculs qui suivent font ressortir. Il est préférable que la flèche donnée à la bouterolle soit un peu plus petite que celle de la tête; dans ce cas, la matière est expulsée au pourtour de la bouterolle, et forme des bavures que l'on enlève facilement. Et comme ces bavures ne peuvent se produire que lorsque toute la matière qui était sous la bouterolle a été appliquée contre la tôle; il en résulte qu'on peut les considérer comme une garantie d'un bon contact.

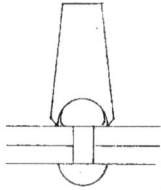

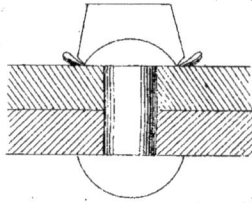

Lorsque l'on rive ensemble des fers ou pièces quelconques, les trous pour le passage des rivets se percent, soit à la mèche, soit au poinçon. A la mèche ils peuvent avoir tel diamètre que l'on veut, mais le procédé est coûteux; au poinçon, le diamètre ne peut pas descendre au-dessous d'une certaine limite que le calcul détermine à peu-près. Considérons, à cet effet, l'action du poinçon sur la tôle à l'instant où la débouchure se produit. Soit (R_p)

l'effort de compression limite que le poinçon peut supporter et soit (R_a) la résistance moyenne par unité de surface à l'arrachement, au pourtour de la débouchure. Il faut évidemment pour que le poinçon ne casse pas que :

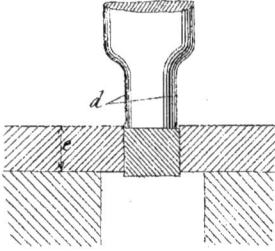

$$\pi \times d \times e \times R_a \langle \frac{\pi d^2}{4} R_p \quad d'où \ d \rangle \frac{4 \cdot R_a}{R_p}$$

Si le poinçon était fabriqué avec la matière qui compose la pièce à percer il faudrait, puisque (R_a) serait sensiblement égal à (R_p), que le diamètre du trou soit égal à quatre fois l'épaisseur de la pièce qu'il s'agit de percer; ce serait excessif. C'est pourquoi le poinçon est toujours fabriqué avec une matière plus résistante que celle composant l'objet qu'il s'agit de percer; ainsi dans le cas d'une tôle en fer, le poinçon sera en acier fondu. La résistance moyenne à l'arrachement de la tôle étant, pour les épaisseurs qu'il y a lieu généralement de considérer, de 30 Kilog. par millim. carré, et la valeur de (R_p) pouvant être prise égale à (80×10^6), il en résulte que, dans le cas des tôles en fer, il faut que :

$$d \rangle 1.5 \, e$$

Ce calcul n'est qu'approché parce qu'il ne tient pas compte du refoulement de matière qui se produit dans la tôle au pourtour de la débouchure

aussi ne donnons-nous cette relation que pour justifier
la règle pratique qui consiste à prendre :

$$d = 2e .$$

Tension totale d'un rivet terminé comme
posé à (t°) et refroidi à 0° ?

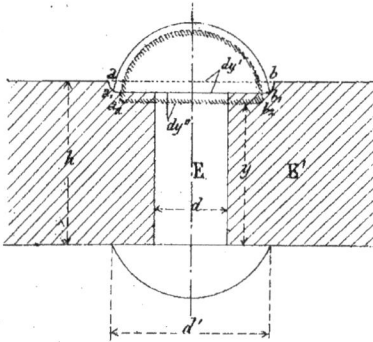

Soit (d) le diamètre
du rivet, et (d') celui
de la tête.

Représentons par
(h) l'épaisseur des
tôles à réunir, par
suite, la hauteur de
la tige du rivet au
moment où la rivure
est terminée et la
température du rivet
égale à (t°). Représentons par E et par E', les
coëfficients d'élasticité de la matière qui compose le
rivet et les tôles. Représentons enfin par (y) la hauteur
qu'aurait la tige du rivet, si en se refroidissant elle
pouvait se contracter librement.

Au fur et à mesure que le rivet se contracte,
la rivure comprime la tôle, d'où réaction de celle-ci.
La rivure n'est en équilibre que dans une position
intermédiaire caractérisée par la condition que la
traction totale exercée par la tige sur la rivure est
égale à la réaction que les tôles exercent contre elle.

Pour effectuer les calculs qui suivent, nous faisons deux hypothèses. Nous admettons que la réaction exercée contre la rivure a pour valeur celle qu'exercerait le cylindre annulaire de tôle qui l'embrasse, puis nous admettons les formules de résistance applicables, quelles que soient les tensions et les compressions qui se développent dans le système considéré.

Le problème présente trois inconnus : la traction totale exercée par la tige du rivet sur la rivure, que nous représentons par N, la compression totale subie par le cylindre annulaire, que nous représentons par (dy'), et l'allongement total de la tige du rivet refroidi, que nous représentons par (dy''). Entre ces quantités, il existe les relations suivantes :

$$dy' + dy'' = y \, \alpha \, t \qquad\qquad (1)$$

$$(2) \qquad \frac{dy'}{b} = \frac{N}{E' \frac{\pi}{4} (d'^2 - d^2)} \qquad et \qquad \frac{dy''}{y} = \frac{N}{E \frac{\pi d^2}{4}} \qquad (3)$$

La différence entre (b) et (y), est ($y \, \alpha \, d$), c'est à dire une quantité très petite ; on peut donc, sans erreur sensible, substituer à (b), dans l'équation (2), la quantité (y) ; il vient alors, en remplaçant dans l'équation (1) (dy') et (dy'') par leurs valeurs tirées de (2) et (3) :

$$\frac{N}{E \frac{\pi}{4} (d'^2 - d^2)} + \frac{N}{E \frac{\pi}{4} d^2} = \alpha \, t$$

Dans le cas qui nous occupe ($d' = 1.67 \, d$) on a donc :

$$\frac{N}{\frac{\pi d^2}{4}} \left(\frac{1}{1.7889 \, E'} + \frac{1}{E} \right) = \alpha \, t$$

Et comme $\frac{N}{\frac{\pi d^2}{4}}$ représente la tension par unité de surface à laquelle le corps du rivet a à résister, on trouve pour expression de cette tension, en la représentant par R :

$$R = \frac{1.7889 \; E.E' \alpha \, t}{E + 1.7889 \; E'} \qquad (4)$$

Considérons le cas d'un rivet en fer réunissant ensemble des tôles également en fer, on aura :

$$E = E' = 18 \times 10^8, \quad \alpha = \frac{1}{81500}$$

Et l'expression donnant la valeur numérique de la tension (R) sera :

$$R = 0.641 \; E \, \alpha \, t \quad = 141532 \times t \qquad (5)$$

Dans le cas de rivets en cuivre et de tôles en cuivre, on trouve ; en remarquant que : $E = E' = 10 \times 10^8$, et que $\alpha = \frac{1}{58200}$:

$$R = 107890 \times t \qquad (6)$$

Enfin, dans le cas de rivets en cuivre et de tôles en fer, on trouve pour expression de (R), le rapport entre les dimensions et les coëfficients étant ceux déjà indiqués :

$$R = 129000 \times t \qquad (7)$$

Des trois rivures la plus avantageuse, au point de vue du serrage, est donc celle des tôles en fer, avec rivets également en fer.

δ., la rivure étant mal exécutée, on avait (d'), diamètre de la circonférence extrême du contact, égal de $(1.5 \times d)$ à $(1.3 \times d)$, on trouverait pour expression de (R) dans ces deux cas, en supposant les rivets et les tôles en fer :

$$R = 0.535 \; E \; d \; t \quad \text{et} \quad R = 0.408 \; E \; d \; t$$

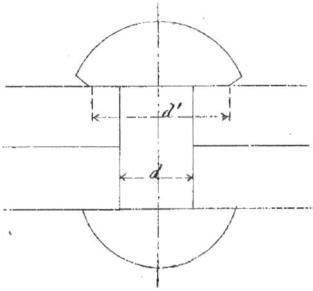

f(1)

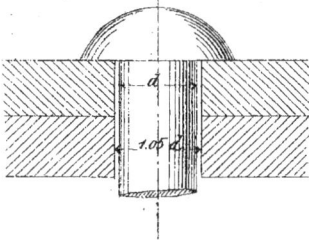

L'effet d'une mauvaise rivure est donc de diminuer la tension du rivet dans un rapport très sensible et par suite aussi le serrage dû à ce rivet.

Dans les applications il faut tenir compte du jeu qui existe forcément entre le rivet et le trou. Si nous admettons que ce jeu est celui indiqué ci-contre, la formule donnant la traction par unité de surface à laquelle le corps du rivet a à résister, devient :

$$R = 0.628 \; E \; d \; t = 138662 \times t$$

C'est cette formule qu'il y a lieu de considérer dans les applications pratiques, lorsqu'on suppose que le contact entre la rivure et la tôle contre laquelle elle appuie, est parfait.

Dans le cas d'une rivure très-mauvaise, pour laquelle le contact entre la rivure et les tôles serait celui indiqué ci-contre, l'expression de l'effort de traction auquel le rivet a à résister devient :

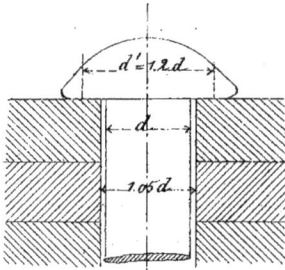

$$R = 55640 \, t \, .$$

Même dans ce cas extrême, nous voyons que la pression contre les tôles dépasse 5 K. par m.m² de section du rivet, si la température à la fin de la pose est égale à 100°. Comme elle dépasse généralement ce chiffre, nous voyons que le serrage entre les surfaces doit lui aussi dépasser la pression de 5 K°. Dans tous les cas, ce résultat montre que l'on a intérêt, lorsqu'on a de mauvaises rivures à sa disposition, à faire poser les rivets à une température plus élevée que celle employée lorsque les ouvriers sont bons.

Les surfaces des tôles réunies par les rivets sont en général un peu rugueuses, de plus, elles ne sont pas graissées, l'on peut donc admettre pour coëfficient de frottement entre ces surfaces, le nombre de 0.60. Dans ces conditions, l'adhérence par unité de surface du corps du rivet, qui existe entre la feuille de tôle, devient :

Cas de la rivure parfaite répondant à la fig. (1) = A = 83197 × t
Cas de la rivure limite répondant à la fig. (2) = A = 33384 × t

Nous donnons ci-dessous, dans un tableau, les tensions et adhérences par unité de surface de corps de rivet qui répondent à diverses températures dans les deux cas extrêmes de rivure que l'on peut avoir à considérer, c'est-à-dire ceux des fig. (1) et fig. (2).

Il est évident que ces résultats ne sont plus exacts, du moment que la tension des fibres dépasse 18 à 20 Kg. par m.m², chiffres répondant à la limite d'élasticité des fers généralement employés dans la construction des rivets en fer ; néanmoins, ils sont intéressants à consulter parce qu'ils montrent l'influence que la température exerce sur les soins apportés à la rivure.

Température t	Rivet type (fig. 1)		Rivet type (fig. 2)	
	R = 138 662 × t	A = 83197 × t	R = 55640 × t	A = 33384 × t
50°	6 933 100 K	4 159 850 K	2 782 050 K	1 669 200 K
100°	13 866 200 „	8 319 700 „	5 564 100 „	3 338 400 „
150°	20 799 300 „	12 479 550 „	8 346 150 „	5 007 600 „
200°	27 732 400 „	16 639 400 „	11 128 200 „	6 676 800 „
250°	34 665 500 „	20 799 000 „	13 910 250 „	8 346 000 „
300°	41 598 600 „	24 959 100 „	16 692 300 „	10 015 200 „

L'expérience directe donne, dans le cas d'une bonne rivure, une adhérence de (13) à (16 K) par m.m².

de section du rivet. L'expérience se fait en rivant ensemble trois feuilles de tôle, et en cherchant, après le refroidissement, la valeur de l'effort qu'il faut exercer pour faire glisser celle du milieu, dont le trou a un diamètre plus grand que celui des deux autres feuilles (Q) étant cet effort, l'adhérence par unité de section de rivet, due à la température de pose, entre chaque feuille de tôle, est évidemment $A = \dfrac{Q}{2\Omega}$.

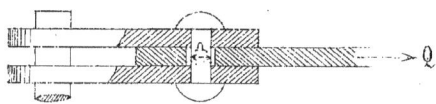

Dans les expériences faites, la température du rivet, la rivure terminée, a toujours été comprise entre 150° et 200°, les chiffres pratiques obtenus justifient donc la valeur du coëfficient de frottement que nous avons adoptée dans nos formules, et les hypothèses faites pour les établir.

Nous donnons ci-dessous la marche à suivre pour trouver la disposition de rivets qu'il convient d'adopter dans les divers assemblages où l'on a à en faire usage.

Des Chaudières à vapeur.

Nous ne considérons que le cas des chaudières cylindriques; cherchons tout d'abord l'épaisseur qu'il faut leur donner.

Jusqu'au 25 Janvier 1865, cette épaisseur

était déterminée par l'ordonnance du 22 Mai 1843, et par l'instruction ministérielle du 17 Décembre 1848.

L'ordonnance du 22 Mai 1843 fixait pour moindre épaisseur des chaudières, dans le cas où la plus grande pression est à l'intérieur, celle donnée par la formule :

$$e = 0.0018 \times n \times d + 0.003 \qquad (1)$$

Dans cette relation, (n) représente la différence des pressions exprimée en atmosphères et (d) le diamètre intérieur rapporté au mètre.

L'instruction Ministérielle du 17 Décembre exigeait, dans le cas où la chaudière est pressée du dehors en dedans, que l'épaisseur donnée aux tôles soit une fois et demie celle qui résulte de la formule (1).

Le décret du 25 Janvier 1865 a profondément modifié le régime des générateurs à vapeur. De toutes les mesures préventives auxquelles étaient soumises les machines et les chaudières une seule a été conservée, c'est l'épreuve de ces dernières. Quant à la construction même des chaudières, toute liberté est laissée au fabricant sur le choix et l'épaisseur des matériaux qu'il emploie. Ainsi, plus de formule imposée pour calculer les épaisseurs à donner aux tôles, il suffit, pour que le générateur soit jugé capable de marcher à la pression à laquelle on déclare vouloir le faire marcher, qu'il résiste à une épreuve ainsi définie dans le décret :

Art. 3.. " L'épreuve consiste à soumettre

« la chaudière à une pression effective double
« de celle qui ne doit pas être dépassée dans
« le service, toutes les fois que celle-ci est
« comprise entre 1/2 K. et 6 Kil. par centim.
« carré inclusivement. »

 « La surchage d'épreuve est constante
« et égale à 1/2 Kil. par centimètre carré pour
« les pressions inférieures et à 6 Kil. pour les
« pressions supérieures aux limites ci-dessus. »

 « L'épreuve est faite pa. pression
« hydraulique. »

 « La pression est maintenue pendant
« le temps nécessaire à l'examen de toutes
« les parties de la chaudière. »

L'Industriel et le fabricant doivent donc
s'imposer à eux-mêmes des règles pour calculer
l'épaisseur à donner aux chaudières, et comme
leur responsabilité est directement engagée dans le
choix de ces règles, nous allons indiquer, sommaire-
-ment, les considérations qui doivent servir de
guide dans cette étude.

 Si la chaudière est parfaitement cylindrique,
si les pressions intérieures et extérieures sont produites
par des gaz, et si l'on néglige toutes les autres
forces : poids propre du vase et du liquide qu'il peut
contenir, réaction de ses appuis et de ses fonds circulaires, on trouve pour expression de la tension
tangentielle :

$$R = \frac{(p_o - p')}{e} f - p'$$

(p') étant en général petit par rapport à (R), on peut écrire :

$$R = \frac{p \times d}{2 \times e} \qquad (2)$$

La tension suivant la longueur du cylindre est la moitié de la tension tangentielle Lorsque le vase est parfaitement cylindrique, c'est donc par la formule (2) qu'il faut en calculer l'épaisseur

Si, au lieu d'être parfaitement cylindrique, la chaudière est légèrement elliptique, la plus grande tension, qui a lieu en (c d) et (c'd'), a pour expression :

(Voir Théorie de la résistance des matériaux par Mr Belanger.

$$R = \frac{p \times a}{e} \left[1 + \frac{3(a^2 - b^2)}{2\,a \times e} \right] \qquad (3)$$

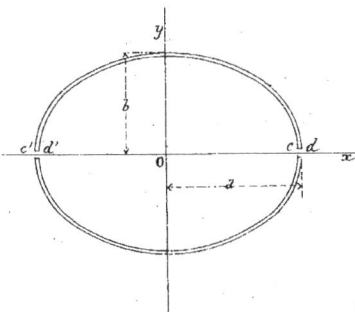

(a) et (b), les axes principaux du profil elliptique après déformation, sont exprimée en fonction de leurs valeurs, avant déformation, par les deux relations :

$$a = a_o$$

$$a = a_o + \frac{1}{2}(a+b)\frac{pa}{Ee}\left(\frac{a^2\,b^2}{e^2} - 1\right)$$

$$b = b_o - \frac{1}{2}(a+b)\frac{p \times b}{Ee}\left(\frac{a^2\,b^2}{e^2} + 1\right)$$

dans le cas où (p) agit de l'extérieur vers l'intérieur

Et par celles:

$$a = a_o - \frac{1}{2}(a+b)\frac{pa}{Ee}\left(\frac{a^2\,b^2}{e^2} - 1\right)$$

$$b = b_o + \frac{1}{2}(a+b)\frac{pb}{Ee}\left(\frac{a^2\,b^2}{e^2} + 1\right)$$

lorsque (p) agit de l'intérieur vers l'extérieur.

Ces formules supposent que l'on néglige l'influence de la température; leur discussion montrerait celle due au profil elliptique; mais comme cette influence est rendue bien plus sensible lorsque l'on traite un cas particulier, nous les appliquerons à l'étude de l'exemple traité par Mr Bélanger dans son ouvrage sur la résistance des matériaux.

Admettons une chaudière à pression extérieure dans laquelle $(a+b) = 1^m$, dont l'épaisseur est de 0^m015, dont la valeur primitive du demi grand axe (a_o) est égale à 0.507, et pour laquelle on a $(p = 40,000^k)$. On trouve, en appliquant les formules ci-dessus:

$$a = 0.510 \qquad b = 0.490 \qquad b_o = b.493 \qquad \text{et}:$$

$$R = 1360000 \ (1 + 3.92) = 6.691200.$$

C'est-à-dire, qu'au lieu d'une compression de $1^k.36$ par millim. carré, qui se produirait si le profil était parfaitement cylindrique, l'on a à considérer une pression de $6^k.691$, lorsque la différence entre les 2 diamètres avant la déformation est de 0.028.

Cette différence devient 0.040 dès que l'appareil est en pression.

Si la pression, au lieu d'être extérieure, était intérieure, on aurait dans l'hypothèse où :
$(a + b) = 1^m$, $p = 40000$, $a_0 = 0.507$ et $e = 0.010$:

$a = 0.503$ $b = 0.490$ $b_0 = 0.493$ et $R = 2,012,000 (1+1.79) = 5.613.500$.

Dans ce cas de pression intérieure, malgré la plus faible épaisseur donnée aux tôles, la valeur de (R) n'est que deux à trois fois plus considérable que celle répondant au profil supposé parfaitement cylindrique. Nous voyons donc qu'avec les mêmes dimensions géométriques de chaudières, la pression extérieure influe beaucoup plus sur les conditions de résistance du profil, supposé légèrement elliptique, que la pression intérieure. Ces quelques considérations justifient donc l'instruction ministérielle de Décembre 1848.

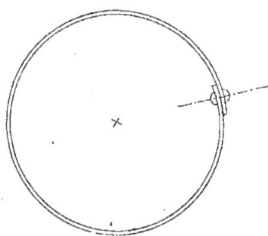

Le mode de construction de chaudière généralement adopté, consiste à cintrer les tôles, à replier les extrémités l'une sur l'autre et à les river. Ce système de construction exclue donc l'idée d'un profil parfaitement cylindrique, et aussi celle d'un profil elliptique. Aucune des formules théoriques établies ne peut donc être rigoureusement employée pour le calcul de l'épaisseur à donner au corps de la chaudière, elles ne peuvent servir qu'à démontrer un fait, c'est que la fatigue des tôles, calculée dans l'hypothèse d'un cintre parfait et d'une pression intérieure, est en réalité, eu égard aux conditions de la construction et de la température; trois à quatre fois plus grande. La formule admi- nistrative de 1843 qui, abstraction faite du terme constant 0.003; répondait à l'hypothèse d'une traction de 2,870,000 Kᵍ, dans le cas du profil cylindrique, était donc rationnelle.

Aujourd'hui que la fabrication des tôles est assez perfectionnée pour que l'on puisse réduire à son minimum l'influence de cette constante, des- tinée à tenir compte des défauts de fabrication, nous pensons que l'on peut, en toute sécurité, adopter pour formules donnant l'épaisseur des chaudières pressées du dedans au dehors, les deux relations :

$$e = \frac{p \times d}{5,000,000}.$$ pour les tôles de qualité ordinaire.

Et : $$e = \frac{p \times d}{8,000,000}.$$ pour celles en métal homogène.

Il résulte de ce qui précède que si la pression agissait de l'extérieur vers l'intérieur, il suffirait de multiplier les résultats obtenus avec ces formules, par :

$$(1.5)$$

Construction

Construction des Chaudières.

Les chaudières sont formées de viroles en tôle emboîtées les unes dans les autres et rivées sur tout le pourtour de l'emboîtement. Chaque virole est obtenue en cintrant une tôle et rivant l'une sur l'autre suivant une génératrice, les extrémités de la feuille ainsi cintrée. Cherchons le nombre de rivets nécessaires dans chacun de ces joints.

Nous admettrons dans les calculs qui suivent qu'entre le diamètre du rivet et l'épaisseur des tôles assemblées, existe la relation : (d = 2 e)

Nombre de rivets nécessaires pour réunir ensemble deux viroles :

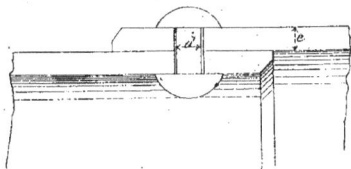

La tension tangentielle étant (R), l'effort qui, par mètre de développement de joint, tend à faire glisser les viroles l'une sur l'autre, est.

$$\frac{R+e}{2}$$

Si nous représentons par (R_2) l'adhérence entre les tôles, due à chaque unité de surface de rivet, si nous admettons que la rivure et la tête n'exercent sur le métal que des pressions normales à la surface, et si nous représentons par (n) le nombre de rivets qui, par mètre de développement de joint, réunit deux viroles, on doit avoir, puisque dans le cas qui nous occupe, les rivets ne sont pas cisaillés:

$$n \times \frac{\pi d^2}{4} \times R_a = \frac{R \times e}{2}$$

L'adhérence produite entre les tôles par des rivets bien chauffés, peut être évaluée à 15 Kg. par m.m² de section de rivet; mais de même que dans les fers on ne considère comme coefficient pratique de résistance que le 1/6e de celui de la rupture, il est prudent de ne compter dans nos calculs que sur une adhérence égale au un sixième de celle due à la température de pose, c'est-à-dire, sur $2^{K}5$ par m.m² de section de rivet. Dans ces conditions : ($R_a = R$) et il vient :

$$n \cdot \frac{\pi d^2}{2} = e$$

or : (d = 2e) on a donc :

$$n = \frac{1}{2 \pi \times e} = \frac{0.159}{e}$$

Supposons: e = 0.010 on aura n = 16 par suite l'écartem^t entre 2 rivets consécutifs sera 0.0625

| | e = 0.012 | , | n = 13 | . | . | , | . | 0.0770 |
| | e = 0.015 | , | n = 11 | , | . | . | , | 0.0909 |

Ces résultats peuvent se résumer dans les 2 relations.
Si (d = 2e) on a E = écartement d'axe en axe de deux rivets = 3 d.

Si (R) et (Ra) diffèrent l'un de l'autre, ce qui arrive dans le cas des tôles homogènes réunies par des rivets en fer, on a :

$$n = \frac{0.159}{e} \times \frac{R}{R_a}$$

Dans ce cas, comme $\frac{R}{R_a} > 1$, le nombre de rivets à poser par développement de joint est plus grand que celui que nous venons de déterminer; il n'est donc plus possible de les poser sur une même ligne, on les place alors en quinconce.

Nombre de rivets nécessaires pour réunir les extrémités d'une virole :

La partie (a b c d) de la virole est en équilibre sous l'action des forces qui suivent:

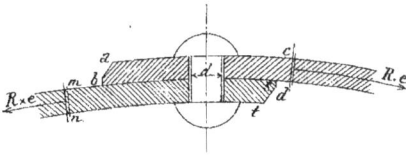

De la portion de virole située à droite de cd, elle subit une traction ($R \times e$) dirigée suivant la surface de contact, et un couple (μ), dû au profil légèrement excentré et à la substitution à la traction ($R \times e$), dirigée suivant l'axe du joint cd, d'une traction égale dirigée suivant les surfaces en contact des extrémités de la virole. De la portion de virole située au-dessous de celle que nous considérons, résultent des actions ayant pour équivalentes une force unique, égale et opposée à ($R \times e$), et des forces verticales qui, en se combinant avec les pressions exercées sur la tôle par la rivure, donnent un couple égal et opposé à (μ).

L'influence des forces verticales étant faible, il n'y a lieu de se préoccuper que de la résistance au glissement des surfaces en contact, lequel doit être au moins égal à $(R \times e)$. On a donc, si (n') est le nombre de rivets posés par mètre de joint :

$$n' \times \frac{\pi d^2}{4} \times R_a = R \times e$$

Et si nous supposons toujours que $(R_a = R)$ il vient :

$$n' = \frac{1}{\pi \times e} = \frac{0.318}{e} = 2 \times n$$

C'est-à-dire que ce nombre de rivets est double de celui nécessaire pour réunir ensemble par mètre de joint deux viroles.

Diminution de résistance dans la ligne de rivets réunissant ensemble deux viroles :

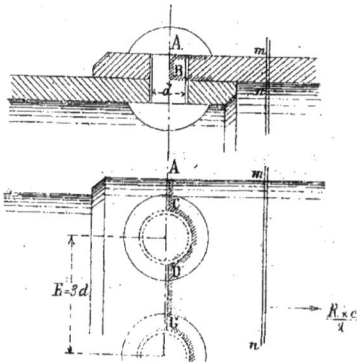

Considérons l'équilibre de la portion de virole comprise entre le plan AB, passant par les axes des rivets, et le plan mn situé à droite, en dehors de la ligne des rivets. La tension exercée par la portion de chaudière à droite du plan (mn) sur cette section, a pour valeur par mètre de développement :

$$- \frac{R \times e}{2}$$

Nous admettons que les rivets ne sont pas cisaillés, par suite que les rivures et les têtes n'exercent sur le métal que des pressions verticales ; il n'y a donc de frottement qu'entre les tôles et l'on a pour effort total de frottement dû aux (n) demi-rivets qui se trouvent sur la longueur de joint considéré :

$$\frac{1}{2} \, n . \frac{\pi d^2}{4} \times R_a$$

La tôle entre les rivets n'a donc à résister qu'à un effort d'extension égal à :

$$\frac{1}{2} \, n . \frac{\pi d^2}{4} \times R_a$$

Et, comme la section utile entre les rivets est les 2/3 de la section de la virole, on a pour expression de la tension dans cette section :

$$R' = \frac{\frac{1}{2} \, n . \frac{\pi d^2}{4} . R_a}{\frac{2}{3} \, e} = \frac{3}{8} . R$$

C'est-à-dire que cette tension est les trois quarts de celle à laquelle la virole a à résister dans le sens de la longueur. Si les rivets ne serraient pas et étaient cisaillés, on aurait :

$$R'_1 \times \frac{2}{3} e = \frac{R \times e}{2} \quad d'où \quad R'_1 = \frac{3}{4} \, R$$

C'est-à-dire que l'effort d'extension longi-tudinal dans la ligne des rivets serait le double de celui calculé précédemment, ou les $\frac{3}{2}$ de l'effort d'extension auquel la tôle est soumise suivant l'axe.

Diminution de résistance dans la première et la seconde ligne de rivets réunissant les extrémités d'une virole:

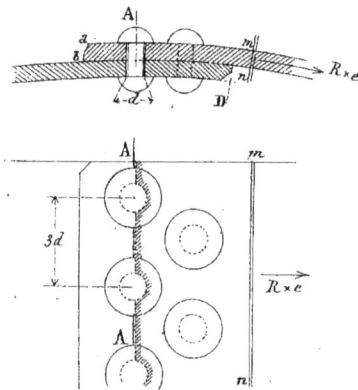

Considérons l'équilibre de la portion de virole (A B m n). On a par mètre de virole une traction sur (m n) égale à $(R \times e)$ et un frottement total contre la portion de virole inférieur égal à:

$$\frac{3}{4} n \frac{\pi d^2}{4} R_a = \frac{3}{4} R \times e$$

La tôle entre les rivets est donc soumise à un effort d'extension égal à:

$$\frac{R \times e}{4}, \text{ par suite } R' = \frac{\frac{R \times e}{4}}{\frac{2}{3} e} = \frac{3}{8} R$$

La tension totale suivant le plan qui passe par les axes de la première rangée de rivets, est:

$$R'' = \frac{\frac{3}{4} R e}{\frac{2}{3} e} = \frac{9}{8} R$$

Si ces rivets étaient simplement cisaillés, on

aurait pour effort d'extension dans ce plan :

$$R'' = \frac{R \, e}{\frac{2}{3} \, e} = \frac{3}{2} . R = \frac{12}{8} R$$

Poutres composées.

Les pièces composant les ponts et les charpentes ont en général, lorsqu'elles sont en fer, la forme d'un double T. Tant que leurs dimensions transversales ne sont pas trop grandes, on les lamine en une seule pièce, mais dès que leur hauteur dépasse 0.25 à 0.30, il est plus économique de composer les poutres au moyen de tôles, de fers plats, et de cornières.

Nous nous proposons de trouver la disposition de rivets qu'il faut adopter pour réunir ensemble les diverses parties qui composent une poutre, lorsqu'on s'impose la condition qu'elle se comporte comme le ferait un solide laminé d'une seule pièce.

Nombre de rivets nécessaires pour réunir les plates-bandes aux cornières.

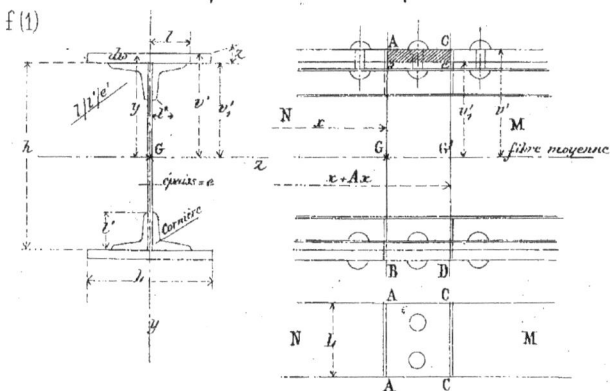

Considérons l'équilibre de la portion de plate-bande (A.C.) comprise entre deux plans, (A.B, C.D), passant par le milieu de l'intervalle de deux rivets consécutifs d'une même rangée longitudinale.

La distance entre ces rivets étant toujours faible, on peut la représenter par (Δx), et écrire, pour expression de la différence des efforts d'extension ou de compression exercés sur les deux extrémités de la plate-bande.

$$ S = \frac{T \times \Delta x}{I} \int_{v_i}^{v'} y \cdot d\omega $$

Dans cette formule les lettres ont les significations ci-dessous :

S . est l'effort total qui tend à faire glisser la portion de plate-bande considéré sur les cornières.

T . est l'effort tranchant dans la section AB. Il est supposé sensiblement constant entre les deux sections Aa et Ce.

I . est le moment d'inertie de la section par rapport à l'axe $G 2$.

Et $\int_{v_i}^{v'} y \, d\omega$. est le moment par rapport au même axe de la section transversale de la plate-bande.

La plate-bande soumise à l'effort de glissement (S) ne peut rester en équilibre que si son adhérence contre les cornières, due aux rivets qui les réunissent ensemble, est égale ou plus grande que cet effort de glissement.

On doit donc avoir si entre les deux plans considérés se trouvent (n) rivets :

$$\frac{n \times \pi d^2}{4} R_a = > \left[S = \frac{T.\Delta x}{r} \int_{v'_i}^{v'} y \, d\omega \right]$$

Or, $\int y \, d\omega = L_3 \left(v'_i + \frac{3}{2} \right)$ diffère très-peu de $(L_3 \, v'_i)$. De plus, si la poutre est symétrique par rapport à l'axe (Gz), ce qui arrive presque toujours, il en résulte que $v'_i = \frac{h}{2}$; on peut donc mettre la relation ci-dessus sous la forme :

$$n \, \frac{\pi d^2}{4} R_a = > T \frac{L h_3}{2 I} \Delta x \qquad (1)$$

permettant de trouver l'une des quantités (n), R_a et (Δx), lorsque les autres sont données.

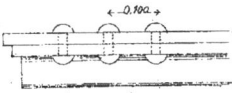

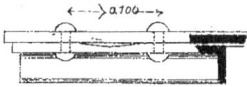

Généralement la distance (Δx) est déterminée à priori par des conditions d'exécution du travail. Ainsi pour des plates-bandes et des cornières dont l'épaisseur est comprise entre 9 et 12 m.m. ;

l'expérience apprend que, si la distance entre deux rivets consécutifs dépasse 0.100, il est difficile d'empêcher les surfaces en contact de bailler, d'où la règle souvent suivie, d'adopter pour écartement maximum entre les rivets la distance $\underline{\Delta x = 0.100}$. La formule trouvée ne sert donc le plus souvent, lorsqu'on se donne (Δx), qu'à chercher si le nombre de rivets pris dans la rangée transversale est suffisant. Si ce nombre est trop petit on peut, si l'on veut que R_a ne dépasse pas la limite donnée de 3 Kg par

par m.m.², augmenter (d), ou bien diminuer (Δx), ou enfin agir sur les deux facteurs à la fois.

Presque toujours l'on substitue à la recherche que nous indiquons une simple vérification dans laquelle on se propose de s'assurer que les dimensions adoptées à priori, par comparaison avec des poutres résistant dans de bonnes conditions à des charges analogues à celles que nous avons à considérer, satisfont à l'inégalité (1), dans la région de la poutre où le second membre de la formule est maximum.

Dans le calcul des chaudières la valeur de (R_a) n'a été prise égale qu'à $(2,5 \times 10^6)$, afin de tenir compte de l'influence des facteurs que nous avons été forcé de négliger. Dans le cas des poutres pour ponts et combles, les efforts qui agissent sur les diverses parties des pièces pouvant s'évaluer avec une bien plus grande exactitude, on peut prendre un coefficient de sécurité un peu plus petit, et admettre que l'on pourra toujours compter sur une adhérence de 3^k par m.m.² de section.

Exemple :

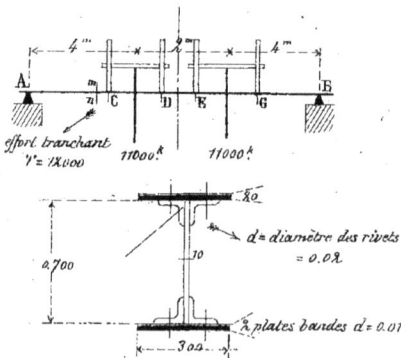

effort tranchant
$T = 1 \times 000$ 11000^k 11000^k

d = diamètre des rivets = 0.02

0.700   10

2 plates bandes d = 0.01

304

Considérons une poutre de pont ayant à supporter, à un moment donné, en outre du poids propre du tablier, le passage de deux charrettes pesant chacune 11,000 Kilog. Les dimensions de la section (mm) étant celles indiquées dans le croquis ci-contre, on trouve pour valeur de l'effort qui, près de (mn), tend à faire glisser une longueur d'un décimètre de plate-bande sur les cornières:

$$S = \frac{12000 \times 0.30 \times 0.7}{0.0044} \times 0.02 \times 0.1 = 1150 \; K\mathcal{I}.$$

Nous avons sur la largeur de la plate-bande deux rivets de 0.020 produisant une adhérence égale à $2 \times 314^{m.m} \times 3^{K} = 1884^{K}$, l'inégalité (1) est donc satisfaite, par suite, la disposition adoptée pour les rivets est suffisante.

Nombre de rivets nécessaires pour réunir les plates-bandes et les cornières à l'âme:

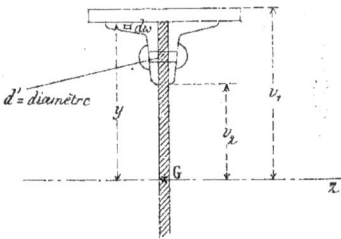

Il se calcule par des considérations identiques à celles que nous venons d'exposer. Le nombre de rivets qui unissent les ailes verticales des cornières à l'âme, entre les plans AB et CD de la fig. (1), étant (n'), on doit avoir:

$$2\,n' \cdot \frac{\pi d'^2}{4}\,R_a \;=>\; \frac{T\Delta x}{I}\left[\int_{v_2}^{v} y\,d\omega \begin{array}{l} = \text{au moment par rapport à l'axe} \\ G_2 \text{ des plates-bandes et cornières de la} \\ \text{partie supérieure ou inférieure de la poutre} \end{array}\right]$$

Si, ce qui arrive généralement, le diamètre des rivets réunissant les cornières à l'âme, est égal à celui des rivets réunissant les cornières aux plates-bandes, le frottement entre les surfaces en contact sera plus grand pour les cornières et l'âme qu'il ne l'est pour les plates-bandes et les cornières, toutes les fois que ($2n' = n$). Lorsqu' on a des cornières à aîles inégales il est donc rationnel de placer l'aîle la plus longue contre l'âme, afin de pouvoir, dans le même intervalle, placer un nombre (n') de rivets tel que $2n' > n$, ou bien, ce qui est plus facile, afin de pouvoir faire $d' > d$.

Nombre de rivets nécessaires pour réunir ensemble les diverses parties de l'âme dans le sens longitudinal:

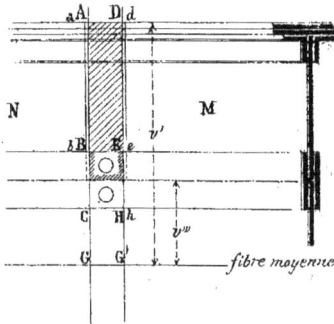

Lorsque la hauteur de l'âme d'une poutre dépasse (1^m) on est obligé de la composer en plusieurs parties réunies entre elles au moyen de deux couvre-joints ayant même épaisseur que l'âme. Cherchons le nombre de rivets nécessaires pour cha-cune des portions de l'âme entre les mêmes plans AB, CD, considérés dans la figure (1).

Ce nombre s'obtient évidemment par la for-mule indiquée ci-dessus, en y étendant les limites de l'intégrale depuis ($v = v'$) jusqu'à ($v = v'''$), v''' représentant la distance, à l'axe projeté au centre de gravité de la section, de l'extrémité de la première partie de l'âme. Dans le cas de poutre symétrique et d'une âme en deux parties se touchant le long de la fibre moyenne, on a ($\nu''' = 0$).

L'étude de ces formules montre que si le nombre de rivets employés dans ce dernier cas est le même que celui employé pour réunir les cornières à l'âme, il est d'une bonne construction de leur donner un diamètre un peu plus grand que celui adopté dans le premier de ces assemblages.

Dimensions des Couvre - joints sur les plates - bandes.

Les fers plats ou tôles qui composent les plates - bandes ne peuvent pas dépasser comme plus grande longueur 7 à 8^m, dans le cas de plats dont la largeur est comprise entre 0^{m}20 et 0^{m}5, et 4 à 5^m pour les fers d'une plus grande largeur. On est donc souvent amené à composer un même cours de plates - bandes au moyen de fers placés à la suite les uns des autres. De là la nécessité, pour assurer la continuité, de fixer au - dessus de la jonction un fer plat destiné à remplacer la section qui manque du fait de l'interruption de la plate - bande.

Ce fer plat porte le nom de couvre - joint ; sa largeur est égale à celle de la plate - bande qu'il recouvre ; nous n'avons donc à déterminer que sa longueur.

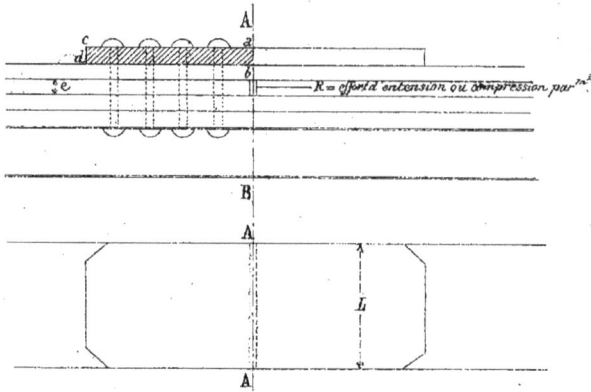

Considérons la portion de C.J. (a b c d), comprise entre une extrémité et le plan A.B qui passe par la section de la poutre dans laquelle se trouve le joint des plates-bandes interrompues. Le C.J. devant remplacer la section interrompue, doit pouvoir résister en (a b) à une traction, ou compression, égale à :

$$R \times e \times L.$$

À cet effet, il faut qu'il soit réuni aux plates-bandes par un nombre de rivets tel, que l'adhérence due à ces rivets soit égale à cet effort d'extension ou de compression.

On a donc, en représentant par (n) ce nombre de rivets :

$$n \times \frac{\pi d^2}{4} R_a = R \times e \times L.$$

Si nous admettons que toutes les plates-bandes ont la même épaisseur (e) et que (d = 2 e) cette relation devient :

$$n = \frac{R \times L}{\pi \times e \times R_a} \qquad (1)$$

Le nombre de rivets nécessaires pour fixer la moitié du couvre-joint aux plates-bandes est donc d'autant plus grand que (R) est grand. Dans le cas des ponts en fer, le maximum de (R) est égal à 6×10^6, la valeur de (R_a) est 3×10^6, on a donc, pour plus grand nombre de rivets nécessaires à attacher chaque moitié de couvre-joint aux plates-bandes.

$$n = 0.637 \frac{b}{e}$$

Ce nombre connu, on en déduit facilement la longueur cherchée.

Exemple: Soit dans l'hypothèse ($R = 6 \times 10^6$), $L = 0.40$ et $e = 0.01$, on aura :

$$n = 24 \text{ en nombre rond.}$$

La largeur 0.40 comportant 4 rivets, il faudra par moitié de C.J. six rangées de rivets, ce qui nécessitera pour cette moitié une longueur de $0^m.625$.

Diminution de résistance dans la section des rivets :

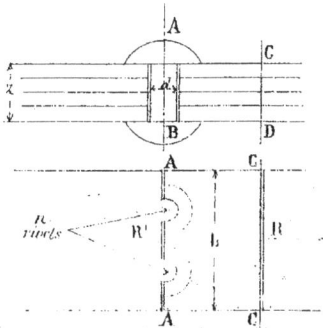

Les têtes n'exercent que des pressions verticales, l'adhérence entre les plates-bandes et les cornières est destinée à équilibrer le glissement longitudinal, on a donc pour expression de la tension dans la section passant par les axes des rivets :

$$R' = \frac{RL}{L - nd} = \frac{R}{1 - \frac{nd}{L}}$$

Supposons $n = 4$ $d = 0.02$ et $L = 0.4$ on aura :

$$R' = \frac{R}{0.80} = 1.25 \ R$$

Formules de Mr. Redtenbacher :

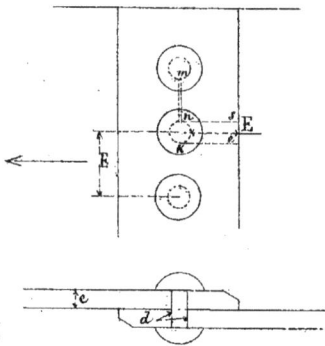

Cet auteur admet pour établir ses formules que les rivets sont cisaillés, que la tête et la rivure n'exercent aucune pression sur les tôles, et qu'une bonne rivure est celle dans la-quelle la résistance au cisaillement du rivet est égale à la résistance à l'arrachement de la tôle entre deux rivets consécutifs, et à celle de la bande de métal nSKe que le rivet tend à séparer du reste de la feuille. Il faut donc, dans le cas d'une rivure simple, que :

$$\frac{\pi d^2}{4} = (E - d) e = 2 E' e$$

d'où :

$$E = e \left(\frac{\pi}{4} \left(\frac{d}{e} \right)^2 + \frac{d}{e} \right) \qquad \text{et} \quad E' = \frac{\pi}{8} \left(\frac{d}{e} \right)^2 e$$

Si l'on représente par (f) le rapport entre la résistance de la tôle et celle de la rivure, l'on déduit des relations ci-dessus :

$$f = \frac{E'}{E.d} = 1 + \frac{4}{\pi}\left(\frac{e}{d}\right)$$

Pour $(d = 2e)$ l'on trouve : $E = 5.14.e$ $E' = 1.56 e$ et $f = 1.64$.

Ces résultats ne sont évidemment applicables qu'aux rivets posés à froid pour lesquels il n'y a pas à compter sur le serrage de la rivure et de la tête ; aussi ne conseillons-nous de se servir de ces relations que lorsque ces rivets sont destinés, par suite de circonstances spéciales, à ne résister que par cisaillement.

Des Réservoirs.

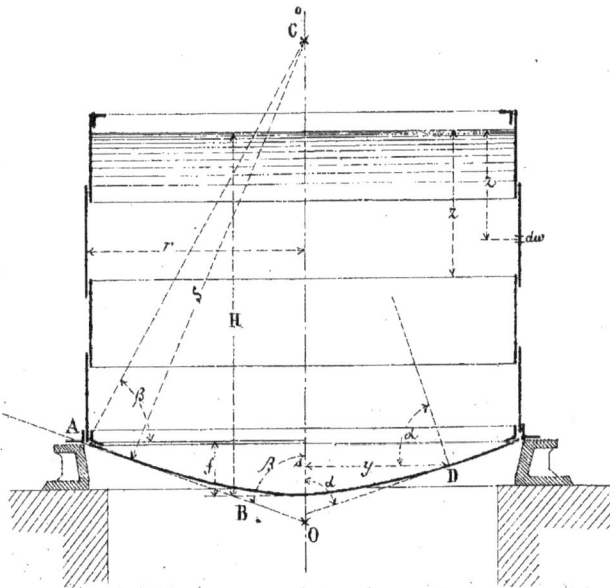

Les réservoirs sont carrés ou ronds. La forme des premiers n'étant pas rationnelle et ne se prêtant pas au calcul, nous ne nous occupons ici que des réservoirs ronds.

Choisissons comme type celui indiqué ci-contre.

Le réservoir est composé d'anneaux emboîtés les uns dans les autres. Pour éviter les joints on donne à ces anneaux la plus grande hauteur industrielle qui se rapporte aux tôles avec lesquelles on les construit. Si tous les anneaux avaient la même épaisseur, il faudrait leur donner celle nécessaire à la zône la plus fatiguée, c'est-à-dire, à la base de la partie cylindrique du réservoir. Pour économiser du poids de matière, on donne aux divers anneaux des épaisseurs variables qui se calculent en supposant chacun d'eux soumis à une pression intérieure constante égale à celle que l'eau exerce sur sa base. Soit Z la distance au niveau de l'eau de la base d'un anneau quelconque, l'épaisseur à lui donner résultera de la formule.

$$e = \frac{1000 \, Z \times r}{R} + 0.0015 \qquad (1)$$

dans laquelle le terme 0.0015 représente une constante introduite pour tenir compte des différences d'épaisseur qui existent dans une même feuille, des petites piqures et gravelures admises à la réception, et de la diminution de résistance que produira la rouille, si malgré les précautions prises, elle se développe.

On ne peut jamais garantir que chaque anneau sera rigoureusement circulaire, lors même que les joints verticaux, dans un même anneau, seraient obtenus en butant les extrémités des tôles les unes contre les autres et les recouvrant d'un couvre-joint ; il sera donc prudent d'attribuer à (R) une valeur bien au dessous de celle qui répond à la charge pratique adoptée lorsque le métal est soumis à une tension uniformément répartie dans les diverses sections. L'analogie entre les conditions de résistance des réservoirs et des chaudières est complète, sauf que les premiers ne sont pas exposés à résister à des pressions dépassant celles que l'on peut prévoir, et qu'ils ne subissent pas les influences perturbatrices de la chaleur. Aussi peut-on, tout en les construisant en une matière identique, augmenter, par cette application, la valeur donnée à (R) dans les chaudières ; nous adopterons, en conséquence, pour valeur numérique de ce facteur, dans le cas de la tôle ordinaire, le nombre (3×10^6) par unité de surface. Substituant à (R) cette valeur dans l'équation (1), elle devient :

$$e = 0.00033 \; Z \times r + 0.0015 \qquad (2)$$

Supposons comme application un réservoir de (4^m) de diamètre composé de 4 viroles ayant chacune, à cause des recouvrements, une hauteur utile de $0^m.900$.

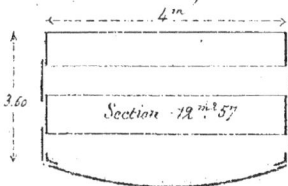

Section $12^{m^2}.57$

L'épaisseur à donner à la 1re virole sera : $e = 0.00209$ on prend $e = 0^m.0020$

___ d°. ___ d°. ___ 2° d°. ___ « $e = 0.00269$ » $e = 0^m.0027$

___ d°. ___ d°. ___ 3° d°. ___ « $e = 0.00328$ » $e = 0^m.0033$

___ d°. ___ d°. ___ 4° d°. ___ « $e = 0.00387$ » $e = 0^m.0040$

Fond du Réservoir :

Il a la forme d'une calotte sphérique. Le rayon de cette calotte étant représenté par $(\int)$, sa flèche étant (f), et l'expression de sa surface étant (S), on a :

$$\int = \frac{r^2 + f^2}{2f} \qquad\qquad s = \text{surf. de la calotte} = 2\pi\int \times f.$$

Si $(\int = 2r)$, rapport généralement adopté, on a :

$$f = 0.268 \times r \qquad\qquad S = 1.072\,(\pi.r^2) \quad et \quad \beta = 60°$$

La tension T, suivant la tangente à un cercle de la calotte de rayon (y), se détermine en écrivant que :

$$2.\pi.y.e\,T.\cos\alpha = 1000.\pi y^2 H$$

d'où : $T = \dfrac{1000.H}{2 \times e} \dfrac{y}{\cos\alpha} = \dfrac{1000.H \times \int}{2\,e}$

Cette tension est la même dans toute la calotte. Il y a égalité entre cette tension et celle à la base du dernier anneau lorsque $\int = 2r$ et que les épaisseurs données aux deux pièces sont les mêmes. Mais comme la construction du fond réalise bien moins la forme rigoureuse de calotte sphérique que celle des anneaux ne réalise la forme cylindrique, il est prudent, dans les applications, de donner à T une valeur moins grande que celle adoptée pour R. Nous croyons que si la qualité des fers comporte $R = 3 \times 10^6$, il ne faut pas pour T dépasser la valeur (2×10^6). Dans ces conditions, la formule donnant l'épaisseur du fond devient :

$$e = 0.00025 \times H \times \int + 0.0015$$

le terme constant ayant la même raison d'être que dans

la partie cylindrique.

Nombre de rivets nécessaires pour réunir le fond du réservoir à la cornière ouverte qui le rattache à la partie cylindrique:

L'effort qui, par unité de longueur, tend à faire glisser le fond sur la cornière, est.

$$T \times e = \frac{1000 \times H + P}{2}$$

si (e) représente l'épaisseur qu'il faut donner au fond, abstraction faite de la constante 1mm1/2 introduite dans nos formules pour tenir compte des imperfections de la fabrication. Le diamètre des rivets réunissant le fond à la cornière étant (d) et le nombre de ces rivets par mètre de développement étant (n), on a :

$$n \frac{\pi d^2}{4} R_a = T \times e \qquad d'où: n = \frac{4 . T . e}{\pi d^2 R_a}$$

Dans le cas des tôles ordinaires $T = 2 \times 10^6$, la valeur donnée à (R_a) peut atteindre (3×10^6), on a donc pour expression numérique de (n):

$$n = 0.849 . \frac{e}{d^2}$$

Exemple:

Supposons [e = 0.005 et d = 0.016] on aura n = 16.5. ce qui donne pour écartement d'axe en axe des rivets (0.06) en nombre rond.

Nombre de rivets réunissant la cornière à la partie cylindrique du réservoir:

Le nombre de ces rivets par mètre de

développement de joint étant représenté par (n'), on a évidemment :

$$n' = \frac{1000 \times H \times r}{2\frac{\pi d^2}{4} \cdot R_a}$$

Si, ce qui arrive généralement, on a $\rho = 2r$. il en résultera que (n') sera la moitié de (n).

Il ne faut pas que le bord intérieur de la couronne qui supporte le réservoir soit à une trop grande distance de sa partie cylindrique. En effet, si nous représentons par (δ) la distance de la résultante des réactions de la couronne à la section d'encastrement (mn) de l'aile horizontale de la cornière, on trouve pour expression approchée du moment fléchissant dans cette section :

$$\mu = (1000 \times H \times \pi r^2)\, \delta \qquad d'où :$$

$$Z = \sqrt{\frac{3000 \times H \times r \times \delta}{R}}$$

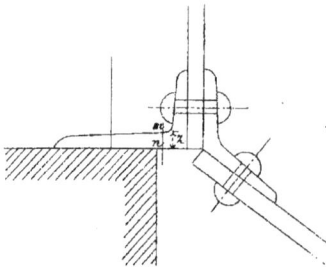

En égard à ce que cette section est dans l'angle de la cornière et que celle-ci est cintrée, il ne faut pas que (R) dépasse 4×10^6. Dans ces conditions, si $H = 4^m$, $r = 2^m$. et si l'on suppose $\delta = 0.1$, on trouve que $Z = 0.0245$. Cette épaisseur n'étant pas pratique, il faut étudier l'appui de façon que (δ) soit sensiblement plus petit que la valeur considérée de $0^m.1$.

Vases cylindriques.

Les tuyaux de conduite d'eau et de vapeur, ainsi que les cylindres de machines à vapeur, se trouvent placés dans des conditions de résistance identiques à celles des chaudières et des réservoirs ; l'épaisseur à leur donner se déduira donc de la même formule générale :

$$e = \frac{p \times r}{R} + \left[\text{constante} = c \right]$$

Nous donnons ci-dessous l'ensemble des formules qui se rapportent à ce calcul des épaisseurs à donner aux vases cylindriques dans les divers cas que l'on peut avoir à considérer :

Tuyaux pour conduites d'eau

en fonte coulée horizontal^t.	$e = 0.^m 002 \times d \times n + 0.^m 010$
" " verticalem^t.	$e = 0.0016 \times d \times n + 0.008$
en fer	$e = 0.0008 \times d \times n + 0.003$
en cuivre laminé	$e = 0.00147 \times d \times n + 0.002$
en plomb	$e = 0.0129 \times d \times n + 0.003$
en zinc	$e = 0.0062 \times d \times n + 0.004$
en chêne ou orme	$e = 0.0323 \times d \times n + 0.027$
en béton comprimé	$e = 0.0054 \times d \times n + 0.040$

en terre. Ils sont à base d'ardoise, leur épaiss^r varie de 20 à 30^{mm}.

Dans ces formules (d) représente le diamètre intérieur du tuyau exprimé en mètres, et (n) la différence des pressions intérieures et extérieures exprimée en atmosphères.

L'épaisseur à donner aux cylindres des

machines à vapeur résulte de la formule :

$$e = \frac{10330 \times n \times d}{R} + 0.012 .$$

dans laquelle (n) et (d) ont les mêmes significations que ci-dessus, et où l'on donne à (R) la valeur : ($0^K 85 \times 10^6$) pour les cylindres d'un diamètre inférieur à 0.50, et (1×10^6) pour les cylindres d'un diamètre supérieur.

Les cylindres de presse hydraulique se calculent par la même formule, mais on y adopte (R) égal à (4×10^6) si le cylindre est en fonte, égal à (10×10^6) s'il est en fer, et enfin égal à (15×10^6) s'il est en métal homogène fondu. Les conditions particulières dans lesquelles la pression agit, expliquent ces chiffres élevés.

Chaînes.

———

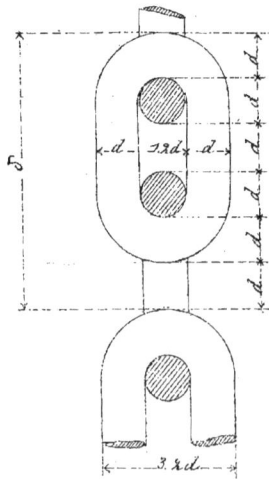

Elles sont à étançons ou sans étançons, occupons-nous d'abord de ces dernières. Supposons leur les dimensions générales indiquées ci-contre, et proposons-nous de déterminer le diamètre qu'il faut donner au fer rond composant les

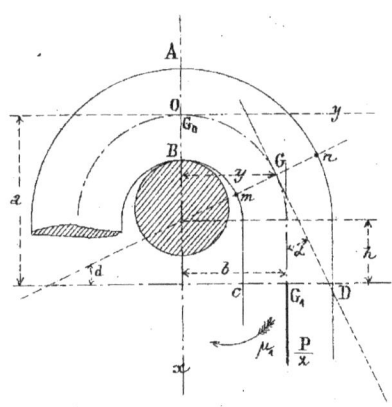

maillons pour que la chaîne supportant une charge totale (P), la plus grande tension ou compression, rapportée à l'unité de surface, à laquelle les fibres ont à résister, ne dépasse pas une limite donnée de R kil.

Ces dimensions géné-rales ont d'abord pour conséquences : $\delta = 6d$.

Longueur développée de la chaîne de maillon à maillon $= 3,501\ \delta$

Et poids d'un mètre de longueur de chaîne $= 3,501 \times 7800 \times \dfrac{\pi d^2}{4} = 21299 \times d^2$ (d, exprimé en mètres)

Pour établir les relations qui existent entre les dimensions d'un chaînon et la traction totale (P) à laquelle il a à résister, nous considérons l'équili-bre d'un quart de chaînon $ABCD$ et nous exprimons qu'à cause de sa parfaite symétrie et de celle des forces qui agissent sur lui, par rapport aux plans AB et CD, l'inclinaison de ces plans ne change pas, sous l'action des forces qui sollicitent le solide consi-déré.

Il faut donc écrire que $\displaystyle\int_{G_0}^{G_1} \dfrac{r\,ds}{EI}$ est nul, c'est à-dire que ($\int_{G_o}^{a_i} \mu\,ds = 0$) puisque nous supposons que la section $\mho$ du maillon est constante.

En (mn) $\mu = \mu_1 + \dfrac{\mathcal{P}}{2}(b-y)$ il faut donc exprimer que :

$$\int_{G_o}^{G_1} \mu_1\,ds + \frac{\mathcal{P}}{2}\left[\int_{G_o}^{G_1} b\,ds - \int_{G_o}^{G_1} y\,ds\right] = 0 \qquad Or: \begin{cases} \int_{G_o}^{G_1} ds = b + \dfrac{\pi b}{2} \\[2mm] \int_{G_o}^{a_1} y\,ds = b\,(b+b) \end{cases}$$

$$\mu_1 = -\frac{\mathcal{P}b}{2}\left[\frac{\pi b - 2b}{2h + \pi b}\right]$$

Il vient donc en substituant :

le facteur connu, on en conclut pour expression du moment fléchissant dans une section quelconque mn:

$$\mu = \frac{\mathcal{P}}{2}(b-y) - b\left(\frac{\pi b - 2b}{2b + \pi b}\right)$$

Et par suite, pour expression du moment fléchissant dans la section (AB), à l'origine :

$$\mu_o = \mathcal{P} + b\left(\frac{b+b}{2b+\pi b}\right)$$

La relation entre les forces extérieures, les dimensions et les forces intérieures qui se développent dans la pièce est :

$$R = \frac{v\mu}{I} + \frac{N}{\Omega} = \frac{\mathcal{P}}{\pi d^2}\left[2\cos\alpha + 16\,b\left[\left(\frac{b}{d} + \frac{b}{d}\right)\frac{2}{\pi b + 2b} - \frac{y}{bd}\right]\right]$$

Or, $\left(\dfrac{y}{b} = \cos\alpha\right)$. La relation donnant la fatigue des fibres extrêmes d'une section quelconque devient donc :

$$R = \frac{\mathcal{P}}{\pi d^2}\left[16\,b\left[\left(\frac{b}{d} + \frac{b}{d}\right)\frac{2}{\pi b + 2b}\right] - \cos\alpha\left[\frac{16b}{2} - 2\right]\right]$$

Et comme $\left(\frac{16\,b}{d}\right)$ est toujours plus grand que (2), il en résulte que la section la plus fatiguée est la section d'encastrement pour laquelle, $(\cos \alpha = 0)$.

Dans le cas particulier qui nous occupe $b = 1,1\,d$ et $h = 0,9\,d$,

on a donc :

$$\mu_1 = 0,135\ P \times d \qquad \text{et } \mu_o = 0,42\ P.d.$$

La qualité des fers qui servent à fabriquer les chaînes est forcément bonne, un fer de mauvaise qualité ne se prêtant pas au travail qu'il faut lui faire subir pour en faire un maillon. On peut donc admettre que la plus grande valeur que (R) peut atteindre est, dans la section la plus fatiguée $(8 + 10^6)$.

Dans ces conditions la formule donnant le diamètre en fonction de la charge à soulever devient :

$$d = 0,00073 \sqrt{P}$$

Si les maillons, au lieu d'avoir la forme que nous avons indiquée, sont circulaires, les formules que nous avons établies se modifient comme suit

$$\text{En (m n)} \quad \mu = \mu_1 + \frac{P}{2}\,(a - y) \qquad (1)$$

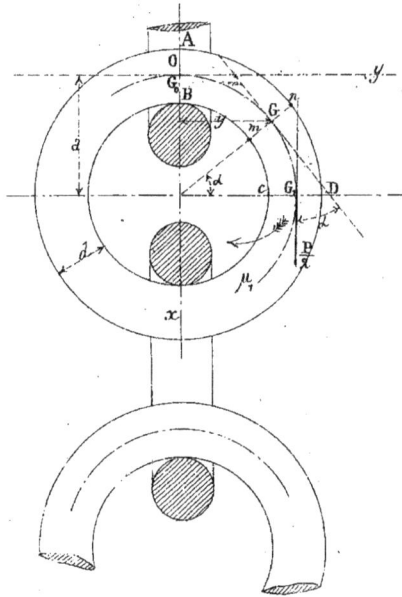

Quant à (μ_1) il se détermine comme précédemment en écrivant que $\int_{a_o}^{G_1} \mu \, ds = \delta$, d'où :

$$\mu_1 = -\frac{Pa\,(\pi-2)}{2\pi} = -0.182\,Pa$$

Substituant dans l'équation (1) à (μ_1) cette valeur, on trouve pour expression de (μ) :

$$\mu = P\left(\frac{a}{\pi} - \frac{y}{2}\right)$$

Le moment fléchissant est maximum pour $(y = 0)$, c'est-à-dire dans la section d'encastrement, et sa valeur y est égale à :

$$\mu_o = 0.318\,P_a.$$

Ce moment fléchissant est nul pour :

$y = 0.637\,a$, c'est-à-dire pour $\alpha = 50°25'$

C'est donc dans cette section que doit se faire la soudure des extrémités du fer rond employé dans la construction du chaînon.

Si dans la section la plus fatiguée (R) ne doit pas dépasser (8×10^6) et si l'on admet $\dot{a} = 1.8 . d$, on trouve pour formule donnant le diamètre des maillons en fonction de la charge (P):

$$d = 0.00085 \sqrt{P}$$

Dans le cas de maillons elliptiques, ces mêmes relations deviennent :

$$\mu = \mu_0 + \frac{P}{2}(b-y)$$

$$\int_{G_0}^{G_1} \mu \, ds = 0 \quad \text{donne} : \frac{P}{2}\left[\frac{\pi \cdot b\,(a+b)}{4} - \frac{(a+b)^2}{4}\right] + \mu_1 \frac{\pi\,(a+b)}{4} = 0.$$

si l'on suppose l'ellipse moyenne assez peu infléchie pour que la portion de fibre $(G_0\,G_1)$ puisse être assimilée à un quart de cercle dont le rayon serait égal à :

$$\frac{(a+b)}{2}$$

De la relation ci-dessus l'on déduit :

$$\mu_1 = -\frac{P}{2}\left[b - \frac{a+b}{\pi}\right]$$

$$\mu = \frac{P}{2}\left[\frac{a+b}{\pi} - y\right]$$

$$\mu_0 = \frac{P}{2}\left[\frac{a+b}{\pi}\right]$$

Et $\quad R = \frac{P}{\pi d^2}\left(2\cos\alpha + 16\left[(\frac{a}{d} + \frac{b}{d})\frac{1}{\pi} - \frac{y}{d}\right]\right)$

La section la plus fatiguée est la section d'encastrement (AB). Si l'on adopte pour relations entre a, b et d : $a = 1.8\,d$ et $b = 1.25\,d$, et si l'on admet que la plus grande tension des fibres peut être prise égale à

(R = 8.10⁶) on a pour formule donnant (d) en fonction de (P) :

$$d = 0.000782 \sqrt{P}$$

La comparaison des formules donnant le diamètre des maillons dans les trois cas que nous avons considérés, montre l'intérêt qu'il y a à faire les maillons aussi peu ouverts que possible, d'où l'idée de les infléchir vers l'axe. Mais cette inflexion est coûteuse et elle augmente la fatigue des parties convexes; il ne faut donc pas l'exagérer; nous croyons que la relation (b = d) donne de bonnes conditions de résistance et ne rend pas l'exécution trop difficile. Dans ces conditions, l'on peut écrire que :

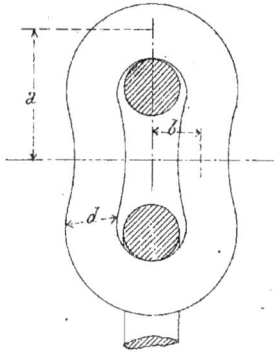

$$d \overset{2}{=} \frac{3.8\, P}{R}$$

Et si R = 8.10⁶

$$d = 0.000685 \sqrt{P}$$

La qualité des fers employés dans la construction des chaînes est, nous l'avons dit, forcément au-dessus de la qualité des fers ordinaires du Commerce. Si, par suite des conditions dans lesquelles la chaîne doit fonctionner, elle n'est soumise que rarement à son maximum de traction, et si l'on est assuré que la charge à soulever le sera très lentement et sans chocs, comme cela arrive dans la plupart des appareils de levage, on peut, sans inconvénient aucun, adopter pour (R) un effort se rapprochant plus de la limite d'élasticité que nous ne l'avons supposé en prenant ($R = 8 \times 10^6$), on peut prendre en toute sécurité ($R = 12 \times 10^6$), et écrire que la formule donnant le diamètre des chaînes, supposées construites conformément à notre dernier type, pour lequel :

$$\left(d^2 = \frac{3,8\,P}{R} \right)$$

est représentée par :

$$d = 0.00056 \sqrt{P}$$

Inversement, si la chaîne lorsqu'elle est soumise aux plus grandes tractions qu'elle peut avoir à supporter, est exposée à des chocs et à des secousses comme cela arrive dans la marine, il ne faut pas donner à (R) la valeur (8×10^6) qui se rapproche beaucoup trop de la limite d'élasticité, puisqu'elle en est presque la moitié, il est prudent de ne compter dans le calcul que sur une valeur : $R = 5 \times 10^6$, et de prendre pour formule donnant le diamètre des maillons, supposés toujours construits d'après notre dernier type :

$$d = 0.00088 \sqrt{P}$$

En résumé :

Pour les chaînes soumises souvent à l'effort maximum de traction qu'elles ont à supporter et dans l'hypothèse où cette charge agit en quelque sorte statiquement, nous calculerons le diamètre en supposant ($R = 8 \times 10^6$). Si la chaîne n'est soumise que très rarement à la plus grande traction pour laquelle on la calcule, mais toujours dans l'hypothèse où cette charge agit en quelque sorte statiquement, on prendra $R = 12 \times 10^6$. Enfin, si la chaîne, en soulevant la plus lourde charge qu'elle peut avoir à supporter, est exposée à des chocs il ne faudra pas faire dépasser à R une valeur égale à (5×10^6).

M^r. Redtenbacher propose comme formule servant à calculer le diamètre des maillons elliptiques dont les axes de l'ellipse moyenne sont : $a = 1.8 \times d$ et $b = 1.25 \times d$:

$$d = 0.00042 \sqrt{P}$$

Mais comme cette formule suppose ($R = 28 \times 10^6$) valeur évidemment exagérée même pour les fers de très-bonne qualité, nous croyons qu'il est prudent, si l'on ne veut pas qu'il se produise des déformations permanentes, de ne pas faire usage de cette formule, et de s'en tenir à celles que nous avons indiquées.

Dans les ateliers on calcule souvent les chaînes en supposant que l'effort de traction est uniformément réparti sur le double de la section de chaque maillon.

Dans ces conditions la relation qui unit le diamètre donné aux maillons à la charge P est :

$$d^2 = \frac{0.63\,P}{R}$$

Mais comme on se rend parfaitement compte qu'en écrivant cette relation on néglige l'influence due à la flexion, laquelle est considérable, on n'applique cette formule qu'en donnant à (R) une valeur bien au-dessous de celle qui répond à la limite d'élasticité. Pour des fers de bonne qualité ordinaire, non exposés à des chocs, l'expérience indique qu'il ne faut pas donner à (R) une valeur supérieure à $(2.5) \times 10^6$, d'où :

$$d = 0.0005\sqrt{P}$$

On arrive ainsi à une formule très peu différente de celle que nous avons proposée pour des fers de qualité identique ; placés dans les mêmes conditions de résistance et dont les maillons sont ceux du dernier type de profil discuté ; mais la marche suivie pour établir cette formule empirique ne donne aucune idée de la fatigue réelle dans les diverses parties de la pièce.

La marine exige que ses chaînes non étançonnées résistent à une traction calculée à raison de 14 Kil. par m.m.² de la double section des maillons.

Si l'on cherche la fatigue réelle qui se développe dans chaque maillon lorsqu'on le soumet à cette traction, on trouve un effort qui semble être en contradiction absolue avec la résistance à la rupture que présente la matière composant le maillon. Mais il y a lieu de remarquer que nos théories supposent des déformations insignifiantes, tandisque celles qui se produisent, dès que les efforts intérieurs dépassent la limite d'élasticité, sont d'autant plus sensibles que la qualité de la matière est bonne et permet au maillon de prendre plus facilement une nouvelle forme amenant l'équilibre du système dans des conditions tout-à-fait en dehors de celles que nous avons considérées.

Il est facile de s'assurer, en discutant les formules de déformation, que dans les limites de fatigue considérées dans nos formules, les déformations produites sont insignifiantes. En effet, si nous considérons dans le premier exemple traité, la partie rectiligne du maillon, on reconnaît qu'elle se déforme suivant un arc de cercle d'un rayon égal à :

$$\rho = \frac{ET}{\mu} = -\frac{E\pi d^3}{64 \times 0.135\ T} = -\frac{3.2\ E \sqrt{P}}{R\ \frac{3}{2}}$$

Si l'on fait $(R = 12 \times 10^6)$, l'on trouve, en prenant $E = 20 \times 10^9$:

$$\rho = 1.54 \sqrt{P}$$

Eu égard à la faible longueur de la partie

droite du maillon; l'inflexion due à une traction ou compression des fibres les plus fatiguées de 12 Kg par m.m² est tout - à - fait insignifiante. Dans ces limites, les formules que nous avons établies présentent donc toute sécurité dans les applications.

Le plus gros diamètre donné aux maillons dépasse rarement 0.05 ; au - delà de cette dimension leur fabrication et leur enroulement deviennent difficiles; il y a plus, la qualité du fer en gros échantillon est toujours moins bonne qu'en petit échantillon. Lorsque le calcul conduit à un diamètre égal ou supérieur à la limite que nous indiquons, on aura toujours avantage à substituer à la chaîne unique destinée à soulever la charge (P) deux chaînes ne soulevant chacune que $\frac{P}{2}$, ou bien une chaîne d'un système particulier que nous étudions plus loin.

Chaînes étançonnées.

Souvent l'on renforce les maillons au moyen d'une entretoise en fonte qui les empêche de se déformer suivant leur petit axe ; mais ce moyen apporte une complication dans la fabrication de la chaîne en même temps qu'il en augmente notablement le poids.

Ces chaînes présentent un autre inconvénient grave, leurs maillons sont forcément plus longs que ceux des chaînes non étançonnées,

ce qui n'est pas sans inconvénient, lorsque la chaîne
doit s'enrouler sur un tambour. C'est pour ces
raisons que le système des entretoises est peu goûté
des industriels, et qu'ils préfèrent leur substituer
des chaînes sans étançons à maillons plus forts.

L'on admet que l'étançon augmente la
résistance à la rupture d'environ 20%.

Chaînes de Gall.

Les chaînons de cet organe sont composés
de plaquettes en tôle réunies entre elles par des
boulons servant d'axe
d'articulation. Il y a
toujours dans deux
chaînons voisins, (n)
plaquettes dans l'un
et (n+1) dans l'autre.
Les proportions généra-
lement adoptées entre
les diverses parties
d'une plaquette sont
indiquées ci-dessous :
$l = 3d$, $E = 4d$, et $L = 7.5 \times d$.

Nous adoptons
ces relations et cherchons
les valeurs qu'il faut

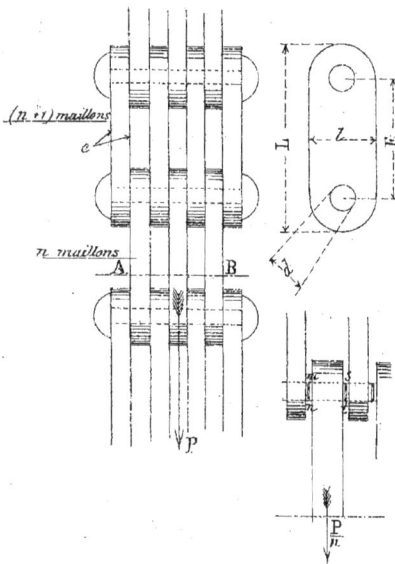

donner à d, e, et (n) pour que le chaînon étant soumis à une traction totale (P) la plus grande fatigue des fibres ne dépasse pas une limite de (R) Kilogr. par unité de surface.

Considérons un chaînon à (n) maillons, la tension dans les diverses plaquettes coupées par le plan A B sera ($\frac{P}{n}$), l'effort de cisaillement exercé sur chaque section de boulon (mn), (St), limitant la plaquette sera égale à ($\frac{P}{2n}$), la tension exercée sur les plaquettes extrêmes des chaînons à (n+1) pièces sera ($\frac{P}{2n}$) et celle exercée sur les (n-1) plaquettes centrales sera ($\frac{P}{n}$).

La plus grande tension dans la section réduite des plaquettes ne devant pas dépasser (R) Kilog. par mètre superficiel, on doit avoir :

$$n \, (l-d) \, e R = P \qquad (1)$$

La résistance au cisaillement des boulons ne devant pas dépasser (0.8 R), on peut écrire comme seconde équation :

$$\frac{P}{2n} = \frac{\pi d^2}{4} \, (0.8 R) \qquad (2)$$

Égalant les valeurs de (P) déduites de (1) et (2) il vient :

$$(l-d) \, e = \frac{2 \times 0.8 \times \pi d^2}{4} = 1.256 \, d^2$$

mais (l = 3 d), on a donc comme première relation entre les dimensions :

$$e = 0.628 \times d \qquad (3)$$

Et substituant à (e) cette valeur dans l'équation (1) il vient :

$$n + d^2 = 0.79 \frac{P}{R} \qquad (4)$$

Les dimensions générales à donner aux diverses parties d'une chaîne de Gall devant soulever une charge (P), la plus grande fatigue des fibres ne dépassant pas (R) Kil, sont donc :

$$\ell = 3d, \quad E = 4d, \quad L = 7.5 \times d, \quad e = 0.628 \, d, \text{ et } nd^2 = 0.79 \frac{P}{R}$$

soit cinq relations entre six quantités, il faut donc en prendre arbitrairement une ; c'est le nombre (n) que l'on se donne généralement. L'expérience apprend que pour un bon fonctionnement il ne faut pas que (n) dépasse 5 ou 6, et que (d) soit plus petit que $7^{m.m.}$. On se donnera donc (n), en prenant d'abord sa plus grande valeur 6, nous verrons plus loin pourquoi, et au moyen de l'équation (4) on en déduira d

Si la valeur trouvée par d est $\gamma = 7^{m.m.}$ on la conserve et on en déduit toutes les autres dimensions de la chaîne, dans le cas contraire on donne à (d) cette valeur limite et au moyen des relations trouvées on en déduit les dimensions de la chaîne et la valeur correspondante de (n).

Il ne faut pas que la valeur de (d) soit trop grande afin que l'enroulement de la chaîne sur le tambour se fasse sans difficulté ; si, eu égard au diamètre du tambour, qui peut être une donnée de la question, on trouve un trop gros diamètre, on substituera à l'emploi d'une chaîne de Gall l'usage de deux chaînes soulevant chacune la moitié de la charge totale considérée.

Le poids de ces chaînes, lorsqu'elles sont construites suivant les règles que nous avons indiquées, est, par mètre de :

$$7800\left[\frac{26,834\ n + 12.917 + 1.05}{8 + d}\right] d\ 8$$

C'est-à-dire :

$$q = (25188 + n + 13611)\ d^2.$$

Cette formule suppose que les boulons réunissant les maillons sont rivés aux extrémités en demi-sphères. Elle montre également l'économie qu'il y a à augmenter (n) par rapport à d.

Exemple :

Soit $P = 6000^K$ $R = 5 \times 10^6$ et admettons $(n=5)$ on trouve :

$d = 0.0137$ soit 0.014 en nombre rond,

d'où :

$l = 0.042$, $L = 0.105$, $E\ 0.056$ et $e = 0.0088$

Épaisseur totale de la chaîne $= 11 + 0.0088 = 0^m 097$.

Câbles.

———

Les câbles en chanvre sont employés pour une foule d'opérations se rapportant à l'élévation ou à la traction des fardeaux.

La résistance des cables dépend : 1° de la résistance des fibres élémentaires du chanvre ; 2° du nombre de ces fibres qui entrent dans la section du cable ; et 3° des soins plus ou moins grands apportés à la fabrication.

La résistance des fibres élémentaires est elle-même fonction de la qualité du chanvre et des variations qu'elle subit par l'usage et sous l'influence de diverses causes, dont les principales tiennent à l'action de l'air et de l'eau. Il est donc impossible d'établir des formules rigoureuses pour le calcul des cables en chanvre ; elles ne présenteraient aucun intérêt ; il suffit de connaître la résistance des cables qui peuvent être regardés comme étant dans de bonnes conditions d'emploi. Le chiffre admis généralement pour leur résistance à la rupture est de 5k 10. par m.m² de section ; dans la plupart des applications ; on peut les faire travailler sans danger jusqu'au cinquième de la charge de rupture ; donc, si (P) est la traction exercée sur le cable, on aura :

$$\frac{\pi d^2}{4} \times 1020000 = P \qquad d'où \qquad d = 0.00113 \sqrt{P}$$

Leur durée varie avec les conditions dans lesquelles on les emploie. Dans les locaux secs, ils peuvent servir très-longtemps, c'est-à-dire, plusieurs années, tandisque exposés à l'humidité, ils se détériorent très-rapidement. Ainsi, dans les puits de mines, un cable en chanvre résiste rarement plus de quatre à six mois ; comme cette usure rapide augmente notablement les frais d'exploitation et expose à des dangers, on leur substitue dans la plupart des mines des cables métalliques.

Les cables ronds lorsqu'ils atteignent de grands diamètres, 0m,100 au maximum, présentent une assez grande résistance à la flexion, et exigent, par suite, des tambours d'un grand rayon. C'est pour ce motif qu'on préfère, dans certains cas, les cables plats obtenus en reliant entre eux un certain nombre de cables ronds placés sur un même plan.

La formule que nous avons donnée se rapporte à une corde non goudronnée. D'après Coulomb, la résistance d'une corde goudronnée n'est que les 3/4 de celle d'une corde blanche d'un même nombre de fils de carets, et d'après Duhamel, la résistance d'une corde blanche mouillée n'est que la moitié de celle de la corde sèche.

Câbles métalliques.

La faible durée que présentent les câbles en chanvre pour certaines installations et en particulier dans les mines a conduit à leur substituer des câbles métalliques.

Un câble métallique se compose d'un certain nombre de torons (généralement six), formés eux-mêmes par la réunion de six fils de fer. Chaque toron, ainsi que le câble lui-même, est muni d'une âme en chanvre goudronné, interposée au milieu des fils et qui a pour objet de les empêcher de se rouiller et de frotter les uns contre les autres. La résistance que présente un câble ainsi composé dépend de la résistance de la matière dont les fils sont formés et de la surface totale des sections de ces fils ; l'habitude est de négliger dans ces calculs la résistance des âmes en chanvre, résistance à peine mise en jeu à cause de la différence très-grande qui existe entre le coëfficient d'élasticité du fer et celui du chanvre.

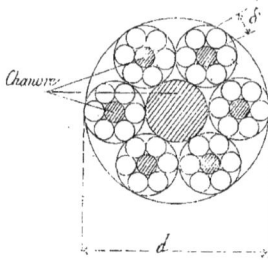

Considérons un câble formé de (36) fils : 6 torons à 6 fils, et représentons par (δ) le diamètre d'un fil, (d) celui du câble, (R) l'effort d'extension par unité de surface auquel on soumet les fils, et (P) la charge que doit supporter le câble, on a :

$$36 \frac{\pi \delta^2}{4} R = P \qquad \text{d'où : } \delta = \sqrt{\frac{4 P}{36 \times \pi \times R}}$$

Pour ces fils la résistance à la rupture est de 70 ^{K} par m.m.^{2}, on peut les faire travailler au cinquième de cet effort, on peut donc prendre ($R = 14 \times 10^6$), d'où :

$$\delta = 0.00005 \sqrt{P}$$

Le diamètre du cercle circonscrit à ces câbles est égal à dix fois celui d'un fil, à cause des petits

vides forcés qui existent entre les fils et les torons, on a donc
pour formule donnant le diamètre (d) du câble.

$$d = 0.0005 \sqrt{P}$$

Si les contacts étaient géométriques, on aurait $(d = 9\delta)$
mais ce contact géométrique n'existe pas, et il est plus prudent
de prendre, comme nous l'avons fait $(d = 10\delta)$.

En comparant cette formule à celle donnée pour les
cordes en chanvre, on voit qu'à charge égale le diamètre
d'un fil de fer n'est que la moitié de celui d'une corde en
chanvre.

Crochets.

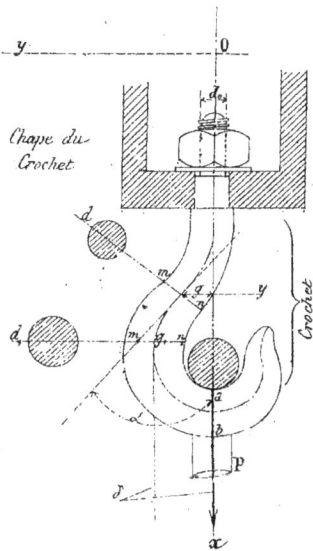

Chape du Crochet.

Crochet

Un crochet est toujours
composé de deux parties :
une partie prismatique
terminée par une tige filetée
munie d'un écrou qui
permet de fixer le crochet
à sa chape, suivant la
disposition indiquée ci-
contre, et une partie courbe
à laquelle est attachée la
charge qu'il faut supporter.

Le diamètre du
noyau de la partie filetée
étant (d_0) et la charge
(P) étant supposée agir

suivant l'axe, on a pour relation entre (d_o), (P) et (R) :

$$d_o^{\,2} = \frac{4P}{\pi R}$$

Le noyau de la partie filetée n'étant pas placé dans d'aussi bonnes conditions de résistance que le corps du crochet, à cause du filetage qu'il a été forcé de subir, nous n'attribuerons à (R) que la valeur $(R = 5 \times 10^6)$. Dans ces conditions, on obtient :

$$d_o = 0.0005 \sqrt{P}. \tag{1}$$

Pour déterminer les dimensions qu'il faut donner au corps du crochet, il nous faut, dans chaque section, connaître le moment fléchissant et l'effort d'extension longitudinal.

Pour une section quelconque $(m.n)$ on a :

$$\mu = P \times y \qquad \text{et} \qquad N = P \cos \alpha$$

La relation qui existe entre les dimensions de cette section, les quantités μ et N et l'effort d'extension ou de compression (R) que la matière peut supporter par unité de surface, devient donc, si la section $(m.n)$ est circulaire.

$$R = \frac{32\,P.y}{\pi\,d^3} + \frac{4 P \cos \alpha}{\pi.d^2} \tag{2}$$

La section la plus fatiguée est la section passant par le point de la fibre moyenne le plus éloigné de l'axe; pour cette section, l'équation (2) donne :

$$R = \frac{32\,\Gamma\,\delta}{\pi\,d_1^{\,3}} + \frac{4 P}{\pi\,d_1^{\,2}} \tag{3}$$

Si nous admettons, ce qui a lieu souvent, que

$\delta = 0.75\, d_1$, puis si nous prenons (R) égal à 7×10^6, en considération de ce fait que le corps du crochet étant forgé les conditions de résistance de la matière ont été améliorées, on a :

$$7 \times 10^6 = \frac{32 \times 0.75 \times P}{\pi d_1^2} + \frac{4 P}{\pi d'^2}$$

d'où l'on déduit :

$$d_1 = 0.00113 \sqrt{P} \qquad\qquad (4)$$

Section plus que double de celle du noyau de la partie filetée.

La section (ab) doit résister à un effort tranchant égal à (P), et comme cette résistance par unité de surface ne doit pas dépasser 4×10^6, on a pour expression de cette section :

$$d'' = 0.00056 \sqrt{P} \qquad\qquad (5)$$

Les équations $(1), (4), (5)$ permettent de déterminer la forme à donner au crochet, toutes les fois que cette forme est obtenue en raccordant ensemble ces trois sections. Dans tous les cas, ces équations combinées avec la relation (2) et la condition relative à l'effort tranchant près de l'appui de la charge, déterminent complètement toutes ces dimensions.

Généralement, on ne se sert de ces formules que pour vérifier que les dimensions données au crochet par comparaison, sont suffisantes.

Si la section du corps du crochet, au lieu d'être circulaire, était rectangulaire, la même marche déterminerait la longueur du rectangle nécessaire à chaque section, la largeur constante de ce rectangle étant donnée et égale à (d_o).

$\mathcal{S}. \ 2^{me}.$

Applications relatives à la Flexion

Les formules exprimant les relations qui existent entre les forces intérieures, les dimensions et les forces extérieures, agissant sur le solide considéré, sont :

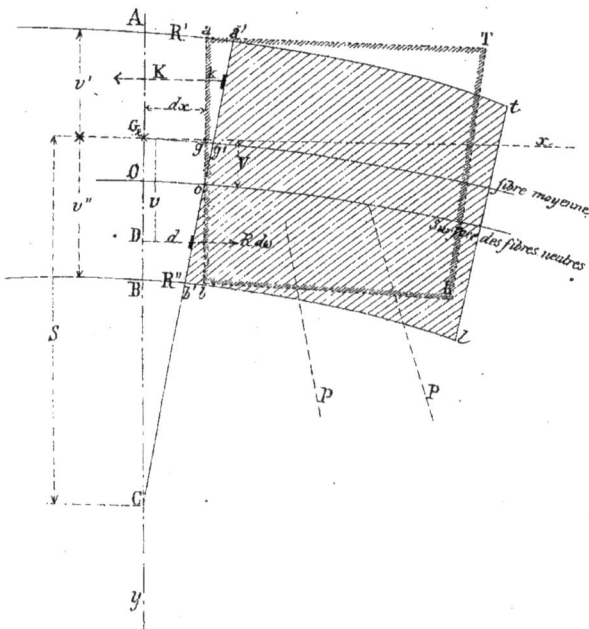

$$R = \frac{V\mu}{I} - \frac{N}{\Omega} \quad (1)$$

$$R' = \left[\frac{V'\mu}{I} + \frac{N}{\Omega}\right] \quad (2)$$

$$R'' = + \frac{V''\mu}{I} - \frac{N}{\Omega} \quad (3)$$

$$S = \frac{T}{I \times 2}\int_{V}^{V'} v \, d\omega \quad (4)$$

$$R_{tm} = \frac{T}{\Omega} \quad (5)$$

L'équation (1) représente la relation

qui existe entre la pression longitudinale rapportée à l'unité de surface (R), les dimensions et les forces extérieures.

Les équations (2) et (3) donnent les valeurs de (R) aux éléments extrêmes supérieurs et inférieurs de la section, en fonction des mêmes quantités.

L'équation (4), applicable d'une manière générale lorsque (N=0), exprime la valeur du glissement longitudinal rapporté à l'unité de surface, pour les éléments à une distance (v) de l'axe (G2), perpendiculaire au plan de flexion et passant par le centre de gravité de la section considérée, en fonction des dimensions de la pièce et des forces extérieures dont elle subit l'action.

L'équation (5) donne la valeur, rapportée à l'unité de surface, de l'effort tranchant moyen dans la section. L'effort tranchant rapporté à l'unité de surface en un point de la section étant égal au glissement longitudinal rapporté aussi à l'unité de surface au même point, il en résulte que l'équation (4) détermine, en plus du glissement, dans le cas où (N=0), la valeur de cet effort tranchant pour un élément quelconque.

Nos conventions sur les signes sont les suivantes:

Pour calculer les valeurs de ($N = \Sigma P_x$), de ($T = \Sigma P_y$) et de ($\mu = \Sigma - \mathcal{M}_{G_2} P$), nous considérerons toujours la portion de pièce à droite de la section A B.

Le système d'axes auquel nous rapporterons l'équilibre de cette portion de pièce sera celui indiqué dans la figure : origine au centre de gravité de la section, l'axe des (y) étant l'intersection du plan de flexion avec la section considérée. Le sens positif de (N) sera celui de l'origine vers (x), celui de (T) sera celui de (G) vers (y) et le sens positif du moment fléchissant sera celui de l'axe des (x) vers l'axe des (y). Dans les formules (1), (2), (3), (4), (5), les quantités N, T et μ sont supposées positives, dans la formule (1) il en est de même de (v) et de (R). Lorsque l'on trouve pour (R) une valeur positive, l'élément considéré de la section est soumis à une pression longitudinale, lorsqu'elle est négative l'élément est soumis à une tension longitudinale.

Enfin, dans ces formules, on représente par (Ω) la section, et par (I) le moment d'inertie de cette section par rapport à l'axe (G_z).

Les formules qui se rapportent aux relations qui existent entre les déformations subies par la fibre moyenne, les dimensions et les forces extérieures sont :

$$\rho = \frac{EI}{\mu} \qquad (6)$$

$$V = \frac{I}{\Omega} \times \frac{N}{\mu} \qquad (7)$$

Allongement proportionnel de la fibre moyenne :

$$\iota = \frac{N}{E\Omega} \qquad (8)$$

$$\frac{d^2 y}{dx^2} = \frac{\mu}{EI} \qquad (9)$$

formules dont les diverses lettres ont les significations indiquées dans les figures et dans ce qui précède,

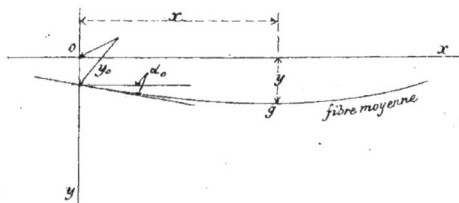

Quant aux unités
que nous adoptons,
elles sont, comme
précédemment, le mètre
pour les longueurs,
le mètre superficiel
pour les surfaces et

le kilogramme pour les poids.

Ces formules générales rappelées, voyons comment
on les applique à la solution des problèmes dans lesquels
il y a lieu de considérer la flexion des pièces.

Volants.

On nomme ainsi l'organe de machine dont la
fonction est de régulariser le mouvement. Il consiste en
une roue, le plus souvent en fonte, d'un grand diamètre,
montée sur l'un des axes tournants de la machine. Des
calculs, qui ne sont pas à reproduire ici, déterminent,
dans chaque cas particulier, le nombre de tours que cet
organe doit faire par minute, et la valeur que doit
avoir son moment d'inertie par rapport à l'axe sur lequel il est monté. Supposons ces deux éléments connus
et indiquons comment on détermine les dimensions
qu'il faut donner aux diverses parties du volant pour
que les fibres n'y soient soumises qu'à des tensions ou
compressions ne dépassant pas les limites d'efforts que
la matière peut supporter en toute sécurité.

Un volant comprend trois parties : la jante, les bras et le moyeu. Considérons successivement chacune de ces parties :

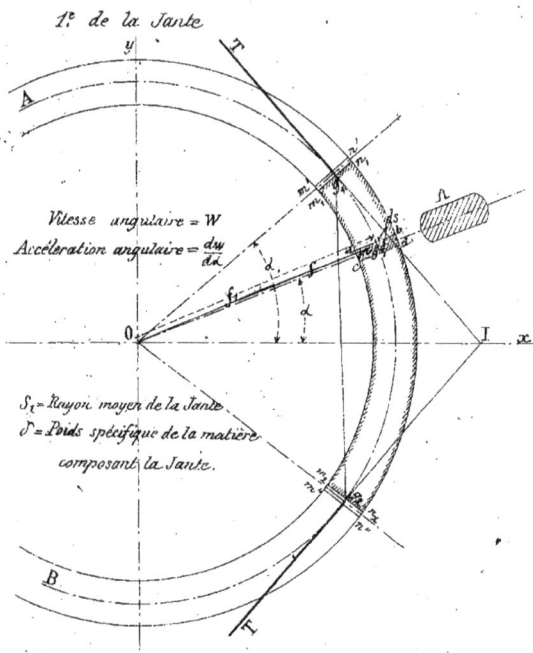

Il est difficile, dans les calculs, de tenir compte de l'action exercée par les bras sur les conditions de résistance de ce solide ; aussi, pour établir des formules simples, admettons-nous qu'on peut assimiler la jante à un anneau tournant autour de l'axe (O) sans lui être relié par aucun lien solide. Nous supposons, de plus, que son mouvement de rotation est uniforme.

1: de la Jante

Vitesse angulaire = W

Accélération angulaire = $\dfrac{dw}{dt}$

S_t = Rayon moyen de la Jante

δ = Poids spécifique de la matière composant la Jante.

Dans ces conditions, si l'on considère un élément abcd, chaque point matériel de cet élément est soumis à l'action d'une force totale dont la composante suivant le rayon est égale à $(m\,w^2\,\delta)$ et celle suivant la tangente égale à $(m\,\dfrac{dw}{dt}\,\delta)$. Le mouvement de l'anneau étant supposé uniforme, la résultante des forces totales qui

sollicitent les points matériels de l'élément considéré, est
dirigée suivant le rayon passant par le centre de gravité
de cet élément, et a pour valeur :

$$w^2 \, \Sigma \, m\rho = \frac{\delta \Omega}{g} \; ds \; w^2 \rho_1 .$$

Si l'on néglige l'action de la pesanteur et si l'on
suppose le mouvement de rotation uniforme, l'anneau, en se
déformant, reste circulaire, la situation angulaire de deux
sections infiniment voisines ne change pas ; par suite, le
moment fléchissant y est nul, et la tension dans les
diverses sections est constante et uniformément répartie. Soit
(T) cette tension totale, on aura, pour son expression, en
considérant la portion de jante ($m_1 \, n_1 \, m_2 \, n_2$) et en expri-
-mant que la somme des projections des tractions T aux
sections extrêmes sur l'axe des (x) est égale à celle des
forces totales qui sollicitent les divers éléments du système
matériel considéré, sur le même axe :

$$2 \, T \, \int m \, d_1 = 2 \frac{\delta \Omega}{g} \, w^2 \rho_1 . \rho . \int m \, d .$$

d'où :

$$T = \frac{\delta \Omega}{g} \, w^2 \rho_1{}^2$$

La tension par unité de surface ($\frac{T}{\Omega} = R$) sera
donc égale à :

$$R = \frac{\delta}{g} \, w^2 \rho_1{}^2 = 734 \, w^2 \rho_1{}^2$$

si, ce qui arrive généralement, la jante est en fonte, et si
nous admettons que le poids spécifique de cette matière

est : $(\delta = 7200)$.

Remplaçant, enfin, dans l'expression de (R) la vitesse angulaire (w), par sa valeur $\frac{\pi n}{30}$ en fonction du nombre de tours (n) que l'arbre fait par minute, on trouve :

$$R = 2.01 \times n^2\, d^2 = \text{en nombre rond à } 2 \times n^2 \times d^2 \qquad (1)$$

Dans cette formule (d) représente le diamètre moyen de la jante.

Pour $d = 5$ on a :

Cas de $n = 50$	$R = 0^k.125 \times 10^6$
" $n = 100$	$R = 0.500 \times 10^6$
" $n = 200$	$R = 2.010 \times 10^6$

La fonte ne doit pas être soumise à un effort d'extension dépassant un Kilogr. par millim. carré de section, il résulte donc de ces chiffres qu'un anneau de (5^m) de diamètre, animé d'un mouvement de rotation uniforme, ne peut pas faire 200 tours par minute, quelle que soit sa section, sans être exposé à se rompre. Si l'on remarque, en outre, que l'hypothèse du mouvement de rotation uniforme est bien rarement réalisé et que l'action des bras empêche l'anneau de rester parfaitement circulaire lorsqu'il se déforme, on reconnait que la formule (1) doit être considérée comme donnant des limites de nombres de tours, ou inversement, des limites de diamètres, au-dessous desquelles il sera toujours prudent de se tenir.

La jante est généralement composée de plusieurs morceaux assemblés entre eux par l'une des deux dispositions que nous étudions ci-après.

Dans la première de ces dispositions on réunit

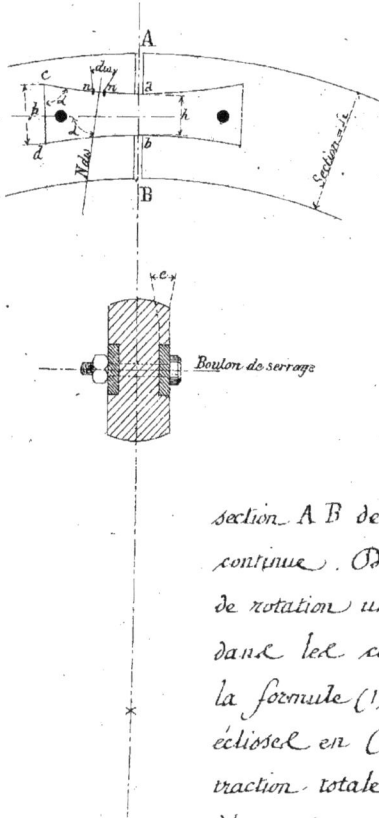

ensemble les morceaux consé-
-cutifs de la jante par deux
éclisses en queue d'hironde,
que l'on encastre dans la
fonte et que l'on serre contre
chaque côté de la jante au
moyen de boulons placés
à leurs extrémités.

Il faut que les deux
éclisses puissent résister,
dans leur plus petite
section a.b, à l'action des
forces qui agiraient sur la
section A B de la jante, si celle-ci était
continue. Dans l'hypothèse du mouvement
de rotation uniforme, et en nous plaçant
dans les conditions d'établissement de
la formule (1), il faut que les sections des
éclisses en (A B) puissent résister à la
traction totale (T). Si (R_e) est l'effort
d'extension rapporté à l'unité de surface
auquel on peut soumettre la matière qui
les compose, on doit avoir :

$$2 e \, b \; R_e = T = (\text{à fort peu de chose près}) \; 2 \, n^2 d^2 \, \Omega$$

$$e b = \frac{n^2 d^2 \Omega}{R_e}$$

Généralement $\left(c = \frac{b}{4} \right)$, adoptons cette relation, il
en résultera :

$$\beta^2 = \frac{4 \, n^2 \, d^2 \, \Omega}{R \, e}$$

d'où l'on déduit pour formule donnant la hauteur (b) :

Cas d'éclisses en fer, hypothèse $R = 6 \times 10^6$ $\beta = 0.00081 \times n \times d \times \sqrt{\Omega}$

Cas d'éclisses en acier, hypothèse $R = 12 \times 10^6$ $\beta = 0.00057 \times n \times d \times \sqrt{\Omega}$

Dans le cas particulier où le volant tournerait à sa vitesse maximum, c'est-à-dire, celui où, pour une jante en fonte, on aurait ($2 \times n^2 \times d^2 = 1.10^6$), ces formules deviennent.

Cas des Éclisses en fer : $\beta = 0.57 \sqrt{\Omega}$

Cas des Éclisses en acier : $\beta = 0.41 \sqrt{\Omega}$

Lorsque le mouvement du volant est varié, les éléments des diverses sections ne sont plus soumis à l'action d'une traction uniformément répartie, ils ont alors à résister à l'action d'un couple et à celle d'une traction totale dont la résultante passe par le centre de gravité de la section. Il est prudent de doubler dans ce cas, les dimensions trouvées par les formules que nous venons d'établir.

Lorsque le volant est lourd et tourne doucement, les formules que nous avons établies cessent également d'être applicables, puisque nous avons négligé dans nos calculs l'influence de la pesanteur qui joue, dans ce cas particulier, le rôle le plus important. On détermine alors les dimensions des éclisses en comparant le volant que l'on étudie à d'autres qui existent et fonctionnent dans de bonnes conditions.

Revenons au cas considéré en établissant nos formules.

Chaque éclisse, soumise dans sa section faible (ab), à une tension $R_e \times e \times h$, ne reste en équilibre que si la somme des composantes horizontales des réactions qu'elle subit de la part des parois inclinées de la fonte est égale à la tension en (ab); il faut donc que :

$$\Sigma \, N \, d\omega \, \cos \alpha = R_e \, e \times h$$

Mais $\Sigma \, d\omega \, \cos \alpha = e \, (h' - h)$, on a donc $N(h' - h) = R_e \, h$.

d'où : $\qquad h' = h + \dfrac{N + R_e}{N}$

La compression (N) par unité de surface entre la fonte et l'éclisse peut être prise égale à 6×10^6, on a donc :

$$h' = h \left[\frac{6 \times 10^6 + R_e}{6 \times 10^6} \right] \quad \begin{cases} \text{Dans le cas d'éclisses en fer et de } R_e = 6 \times 10^6, \text{ il} \\ \qquad \text{vient : } h' = 2\,h \\ \text{Dans le cas d'éclisses en acier et de } R_e = 12 \times 10^6, \text{ il} \\ \qquad \text{vient : } h' = 3\,h. \end{cases}$$

Quant aux boulons qui fixent les éclisses à la jante, ce sont de simples boulons de serrage qui ne doivent pas se trouver cisaillés par les efforts exercés en ab, nous n'avons donc pas à nous en occuper.

Dans les volants d'un petit diamètre, on emploie souvent, pour assembler deux morceaux consécutifs de la jante, la disposition indiquée ci-après. Cherchons les dimensions qu'il faut donner au goujon en fer ou en acier engagé dans ces deux morceaux.

(R_e) étant l'effort d'extension auquel on peut soumettre en toute sécurité la matière composant le goujon,

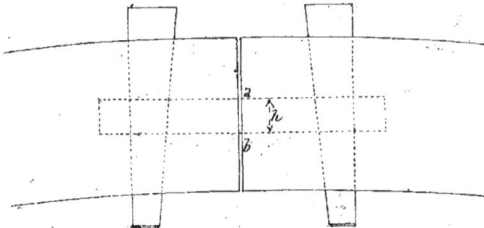

Plan du goujon

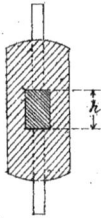

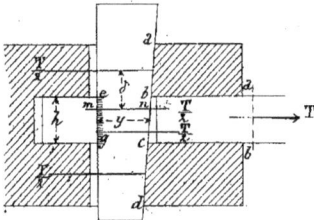

on doit avoir, en considérant la région que traverse une clavette :

$$\frac{2e}{3} \cdot h \cdot R_e = T = 2n^2 d^2 \Omega$$

d'où :

$$eh = \frac{3n^2 d^2 \Omega}{R}$$

La relation généralement adoptée entre (e) et (h) étant ($e = \frac{h}{4}$) on a, dans ce cas, pour formule donnant (h) :

$$h = n \times d \sqrt{\frac{6\Omega}{R_e}} = 0.0014 \times n \times d\sqrt{\Omega}$$

si, le goujon étant en fer, on fait (R_e) égal à (3×10^6) pour des raisons que nous expliquons plus loin.

Clavette

La pression par unité de surface entre la clavette et le goujon est $\frac{3T}{eh}$, c'est-à-dire, ($2 R_e$) ; pour le fer, cette plus grande pression ne doit pas dépasser 6×10^6, il ne faut donc pas que (R_e) soit plus grand que 3×10^6, valeur adoptée plus haut pour calculer les dimensions du goujon lorsqu'il est en fer.

La clavette étant assimilée à un solide reposant

librement sur ses appuis (a.b), (c.d), et soumise en son milieu, à l'action d'une force transversale T, uniformément répartie sur une longueur (e.f), on a pour expression du moment fléchissant dans la section milieu, qui est la plus fatiguée :

$$\mu = \frac{T}{2} \times \delta$$

La pression exercée par la clavette sur ses appuis est plus grande vers les extrémités intérieures que vers les autres extrémités, en prenant pour valeur de (δ) la distance du milieu de la surface d'appui a.b. au quart de la hauteur (e.g) on attribue donc à cette quantité une valeur plus grande que la réalité ; mais comme la valeur exacte est difficile à déterminer et qu'il est toujours préférable de forcer les dimensions, nous prendrons pour expression de (δ) celle que nous venons d'indiquer.

Entre les dimensions transversales de la clavette dans la section considérée et le moment fléchissant dans cette section, existe la relation $R = \frac{V\mu}{I}$, il vient donc, en substituant à (V) et à (I) leurs valeurs en fonction de (e) et de (y) :

$$y = 3\sqrt{\frac{T \times \delta}{e \cdot R}}$$

Si (R) est pris égal à 6×10^6, on a : $y = 0.00122 \sqrt{\frac{T \times \delta}{e}}$

Avant d'adopter ces dimensions, il faut s'assurer qu'elles répondent à la condition que l'effort tranchant moyen dans la section, rapporté à l'unité de surface, ne dépasse pas la limite ($0.8 \, R_e$). Soit (g.c) la plus petite épaisseur en (g.c), il faut que :

$$y' \times \frac{e}{3} \times 0.8\, R_e = > \frac{T}{2} \qquad d'où : \quad y' = \frac{3T}{2 \times 0.8 \times e \cdot R_e} = \frac{2 \times e \times h \cdot R_e}{2 \times 0.8 \times e \times R_e}$$

$$y' = > 1.25\, h.$$

Calcul des dimensions à donner aux bras.

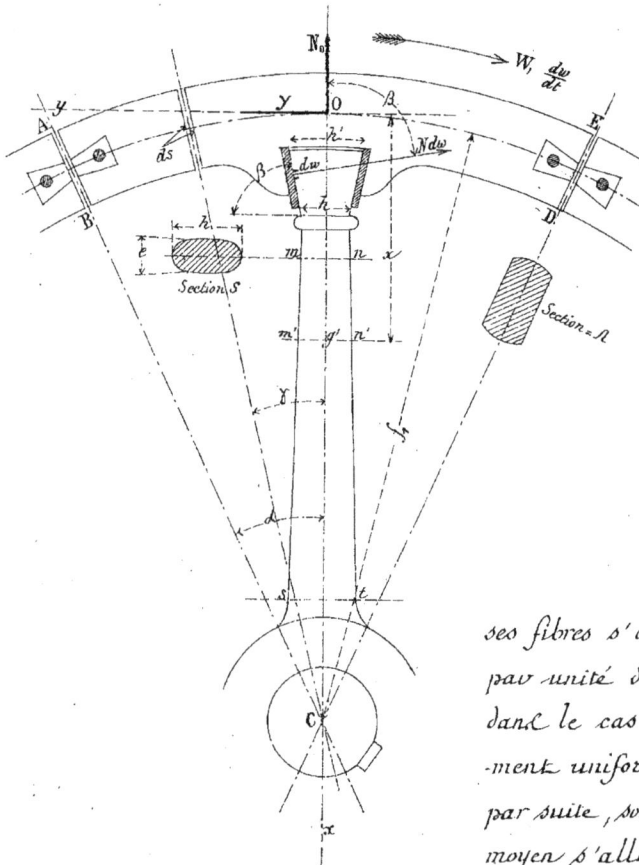

Nous ne soumettons au calcul que la disposition d'assemblage indiquée dans la figure ci-contre.

Si la jante était isolée et continue, ses fibres s'allongeraient par unité de longueur, dans le cas du mouvement uniforme, de $\frac{R}{E}$, par suite, son diamètre moyen s'allongerait de la même quantité.

Mais les bras ne peuvent pas, sous l'action des forces

exercées sur eux en dehors de l'action de la jante, s'allonger de cette quantité; ils exercent donc sur elle, et par suite, subissent de sa part, des efforts difficiles à évaluer lorsque la jante est continue, mais qu'il serait facile de déterminer si elle était composée de morceaux isolés, séparés les uns des autres par les plans bisecteurs de l'intervalle qui existe entre deux bras consécutifs.

Dans les grands volants la jante est souvent composée d'autant de morceaux qu'il y a de bras. Il peut arriver que deux assemblages consécutifs viennent à manquer, il est donc possible qu'à un moment donné, l'hypothèse examinée plus haut puisse se réaliser; il faut, par suite, calculer les bras des volants, composés, comme nous venons de l'indiquer, pour résister à l'action des forces qui agissent directement sur eux, et à celles qui agissent sur la portion de jante qu'ils supportent.

Soit ABCD la portion de jante supportée par le bras m.n.s.t, supposons cette portion de jante discontinue aux sections (AB ED) et rapportons le tout au système d'axes (ox.y) dont l'origine se trouve au point de rencontre de l'axe du bras avec la fibre moyenne de la jante. Nous admettons que le mouvement de rotation de cette dernière est varié, soit (W) sa vitesse angulaire à l'instant considéré, et soit $\frac{dw}{dt}$ l'accélération angulaire au même instant.

Si l'on applique au mouvement de cette portion de jante le théorème de d'Alembert, on trouve que le bras a à résister à l'action d'une force appliquée en (0) dont la composante suivant l'axe (ox) a pour valeur:

$$N_o = \int_{\alpha = (-\alpha_1)}^{\alpha = \alpha_1} \frac{\delta \Omega}{g} \, W^2 . \overline{f_1}^2 \, d\alpha . Cos\alpha = 2 \frac{\delta \Omega}{g} \, W^2 f_1^2 \, Sin\alpha_1 = 2 \, R\, \Omega \, Sin\alpha_1$$

et dont la composante suivant l'axe (o.y), opposée comme direc-tion au sens du mouvement, a pour expression :

$$y = \frac{dw}{dt} \times \frac{I}{m} \times \frac{1}{f_1}$$

Dans cette formule, déduite de la relation :

$\left(\dfrac{dw}{dt} = \dfrac{\Sigma M_c F}{I} = \dfrac{y f_1}{I} \right)$, I représente le moment d'inertie de la jante par rapport à l'axe de l'arbre qui supporte le volant supposé avoir (m) bras. De plus, en établissant cette relation, on admet que l'action due à la pesanteur, peut être négligée.

Si l'on considère une section quelconque (m'n') du bras, on aura donc pour expression de l'effort d'extension longitudinal et du moment fléchissant dans cette section :

$N = 2\,R\,\Omega\, Sin\,\alpha_1\, + \Big[\Sigma\, m.w^2\rho$ de la portion de bras comprise entre

m'n' et l'extrémité $\Big]$

$\mu = y_x + \Big[$ Moment fléchissant dû aux composantes tangen-tielles des forces d'inertie qui se rapportent à la même portion de bras. $\Big]$

Or, $\Big[\Sigma\, m\, w^2\rho = w^2\, \Sigma\, m\rho = w^2 \times$ moment par rapport à l'axe (O) de la portion de bras considérée $\Big]$, n'est connu ainsi que le moment fléchissant dû aux composantes tangentielles, que si, se donnant à priori, les dimensions du volant par comparaison, on se sert de ces formules pour

rechercher si ces dimensions sont suffisantes. Lorsqu'il y a
lieu de les déterminer directement il faut donc opérer par
substitutions successives, mais généralement on peut négliger
l'influence des forces d'inertie qui se rapportent au bras ; les
dimensions à donner à une section quelconque résultent
alors de la formule :

$$R_b = \frac{V}{I_a} \left(\frac{dw}{ds} \times \frac{I}{m} \times \frac{x}{S_1} \right) + \frac{2 \times R \times \Omega \times Sin\, d_1}{S}$$

dans laquelle (I_a) représente le moment d'inertie de la
section considérée, (S) la valeur de cette section, (x) son
abscisse et (R_b) l'effort d'extension auquel la matière
composant le bras peut être soumise.

Au profil obtenu en appliquant ces formules
à diverses sections l'on substitue souvent le profil enveloppe
beaucoup plus facile à tracer par le procédé suivant. On
cherche la section de bras nécessaire à l'origine (O) par la
formule : $S = \frac{2 \times R \times \Omega \times Sin\, d_1}{R_b}$, puis celle nécessaire au centre
du volant par la formule : $R_b = \frac{V}{I_a} \frac{dw}{dt} \times \frac{I}{m} + \frac{2 R \Omega Sin\, d_1}{S}$, et
l'on raccorde les deux surfaces par des génératrices rectilignes
partageant leurs contours en un même nombre de parties
égales. Suivant que la section transversale est un cercle,
ou une ellipse dont le rapport des axes est donné, ou un
profil rectangulaire terminé par deux demi-cercles dont le
rayon est également déterminé, ces deux formules permettent
de trouver, ou le rayon de la section circulaire, ou le grand
axe de l'ellipse, ou enfin, le grand côté du rectangle consti-
tuant le profil transversal des bras.

L'accélération angulaire de la jante étant, à

chaque instant la même que celle de l'arbre sur lequel le volant est calé, on connaît la plus grande valeur de cette accélération qu'il y a lieu d'introduire dans les formules établies plus haut, par suite, nous sommes en mesure de déterminer les dimensions qu'il faut donner au bras pour qu'il résiste à l'action de toutes les forces déformatrices qui peuvent agir sur lui.

La portion du bras qui fait fonction de tenon se calcule comme les plaques servant à l'assemblage des diverses parties de la jante, on a donc :

$$\Sigma \, N \, d\omega \cos \beta = 2 \, R \, \Omega \, \sin \alpha_1 .$$

Si, ce qui arrive souvent, la section transversale du tenon est un rectangle dont l'une des dimensions constante est égale à l'épaisseur (e) donnée à la jante, on a :

$$N_c \left(\tfrac{h'^2}{\ell_0} - \tfrac{h_0}{\ell_0} \right) = 2 \, R \, \Omega \, \sin \alpha_1$$

Or, la compression rapportée à l'unité de surface entre le tenon et la clavette de serrage est connue, si cette dernière est en fer nous savons qu'on peut prendre : $(N = 6 \times 10^6)$, cette relation détermine donc (h'), par suite, les dimensions de l'assemblage.

Calcul du moyeu.

Considérons le cas le plus défavorable à la résistance, c'est-à-dire, celui où deux assemblages de la jante, suivant un même diamètre, viendraient à manquer en même temps, et cherchons quelles sont alors les actions moléculaires

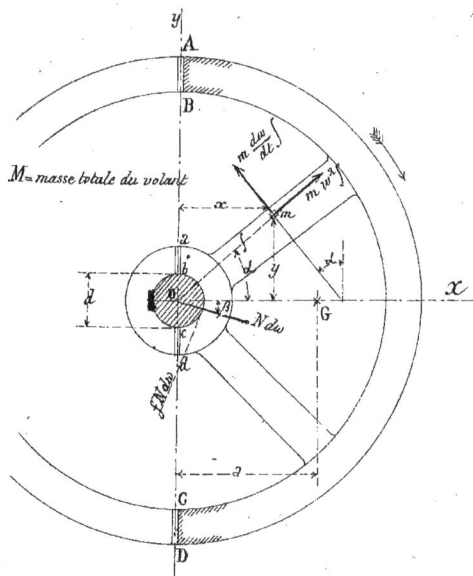

exercées par une
moitié du moyeu, sur
les sections (a.b)(cd)
situées à son intersec-
tion avec le plan
longitudinal passant
par le diamètre à
l'extrémité duquel
les assemblages ont
manqué.

Si l'on rapporte
la moitié de volant
considérée au système
d'axes (ox. oy), et si
l'on écrit que les

forces réelles qui agissent sur elle font équilibre aux forces
d'inertie qui prennent naissance du fait du mouvement
varié dont le volant est supposé animé, nous aurons à
écrire qu'il y a équilibre entre les tensions totales en (abcd),
le poids du volant, les actions exercées sur le moyeu par
l'arbre sur lequel il est calé, et les forces d'inertie.

Ces dernières ont pour projection suivant l'axe
des (X) une composante totale égale à:

$$X = \int m \, w^2 \rho \cos\alpha = \int m w^2 x = w^2 \frac{M a}{2}$$

Leur projection suivant l'axe des (y) est:

$$y = \int m \frac{dw}{dt} \rho \cos\alpha = \frac{dw}{dt} \cdot \frac{M a}{2}$$

Et leur moment par rapport à l'axe projeté en (O) a pour expression :

$$\mu_m = \int m \frac{dw}{dt} \rho^2 = \frac{dw}{dt} \cdot \Sigma m \rho^2$$

Les forces extérieures qui représentent l'action exercée par l'arbre sur le moyeu sont déterminées par la condition que les variations de vitesse subies par l'arbre soient transmises au volant ; il faut donc que la somme des moments des forces de frottement dues aux pressions qui existent entre le moyeu et l'arbre fassent équilibre au moment des forces d'inertie. Représentons par I_v le moment d'inertie du volant par rapport à l'axe de l'arbre, nous aurons :

$$\Sigma f N dw \cdot \frac{d}{2} = \frac{dw}{dt} \Sigma m \rho^2 = \frac{dw}{dt} \cdot \frac{I_v}{2}$$

La largeur du moyeu étant (L) on a : $\Sigma dw = \frac{\pi \cdot d \cdot L}{2}$; on peut donc écrire pour expression de N :

$$N = \frac{dw}{dt} \frac{I_v}{2 \cdot f L \frac{\pi d^2}{4}}$$

(N), la plus grande pression rapportée à l'unité de surface entre l'arbre et le moyeu, est généralement une quantité connue, il ne faut pas que cette pression dépasse (6×10^6) dans le cas de fonte en contact avec du fer ; cette dernière équation détermine donc la largeur (L) qu'il faut donner au moyeu pour être assuré que N ne dépassera pas la limite qui se rapporte à la nature des matières en contact. Inversement, si l'on se donne à priori L, cette formule détermine la valeur correspondante de N et permet de s'assurer si cette largeur, donnée à priori, est compatible avec les conditions de résistance des matières que l'on a à considérer.

Quoiqu'il en soit, une fois N et L déterminés, les conditions de résistance du moyeu sont connues. En effet, si nous admettons pour simplifier nos formules que l'action due à la pesanteur est négligeable, lorsqu'on la compare aux autres forces qui agissent sur le système, on trouve pour expressions des composantes normales des tensions en (ab, cd) et de leurs composantes suivant la section :

$$\text{Tension totale en } (ab\,cd) = w^2 \frac{Ma}{2} + N.\,d.\,L$$

$$\text{Effort tranchant total suivant } ab\,cd = \frac{dw}{dt}\frac{Ma}{2} + \int N.d.l.$$
$+$ (poids s'il y a lieu d'en tenir compte)

La tension totale en (ab, cd) étant représentée par F et l'effort tranchant dans les mêmes sections par (F'), les formules qui déterminent ces deux quantités deviennent :

$$F = w^2 \frac{Ma}{2} + 2\frac{dw}{dt}\frac{I_v}{f.\pi.d} \quad , \quad F' = \frac{dw}{dt}\frac{Ma}{2} - 2\frac{dw}{dt}\frac{I_v}{\pi\,d}$$

La valeur de (F) étant toujours, lorsque le poids propre du volant n'est pas à considérer, de beaucoup supérieure à F', il en résulte que nous n'aurons pas à nous préoccuper, dans ce cas, de la valeur de ce facteur (F'). Nous calculerons donc le moyeu pour résister à une tension totale (F) uniformément répartie dans la section. Si l'épaisseur qu'il faut lui donner est (e), et si nous admettons que la fonte peut être soumise à une tension totale égale à (1×10^6), on aura :

$$e \cdot L \cdot 10^6 = \frac{F}{2} \qquad \text{d'où :} \qquad e = \frac{F}{2L \times (1 \times 10^6)}$$

Quand le moyeu est en deux morceaux on les réunit au moyen de frettes que l'on pose à chaud afin d'être bien assuré de leur serrage avant toute action due au mouvement du volant.

L'on détermine la section (S') à donner à chacune d'elles par la relation :

$$4 \times S' \times 6 \times 10^6 = F \qquad \text{d'où :} \qquad S' = \frac{F}{24 \times 10^6}$$

Clavette d'assemblage.

La clavette d'assemblage a pour objet d'amener un contact tel entre l'arbre et le moyeu que le mouvement de ce dernier soit en tout identique à celui de l'arbre. Elle a à résister à l'écrasement, la valeur de l'effort total de compression qui agit sur elle est évidemment :

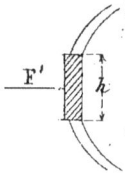

$$F' = N \cdot d \cdot L = 2 \frac{dw}{dt} \frac{I_v}{f \cdot \pi \cdot d} \cdot$$

Soit (h) la hauteur inconnue qu'il faut lui donner, elle résultera de la relation :

$$h \, L \cdot R = F \cdot$$

Elle sera donc connue dès que R le sera. Lorsque la clavette est en acier et que le moyeu est en fonte, on peut prendre R égal jusqu'à 8×10^6 ; dans le cas de clavette en fer il ne faut pas que R dépasse $(6 \times 10^6.)$

Marche à suivre dans l'étude des conditions
de résistance des Volants :

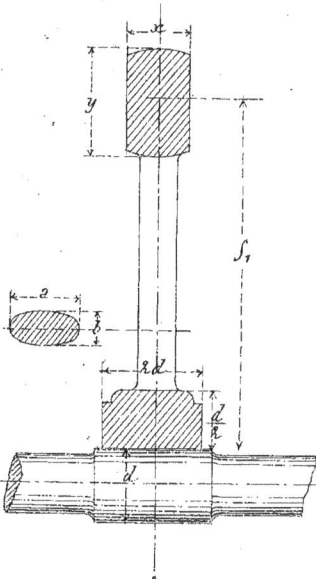

Le moment d'inertie de
la jante et son rayon moyen
résultent de considérations
étrangères à ce cours ; il
en est de même du nombre
de tours qu'elle fait par
minute et de la plus
grande valeur de l'accélération angulaire de l'arbre
sur lequel est monté le
volant.

Le moment d'inertie de
la jante étant donné, le
poids s'en déduit et par
suite la section. Cette dernière est généralement un rectangle,
le rapport adopté entre les côtés (x) et (y) est $(x = \frac{y}{2})$,
d'où :

$$y^2 = 2\,\Omega \quad \text{et par suite :} \quad y = 1.41\sqrt{\Omega}$$

Le nombre de bras donné aux volants se déduit
de la règle ci-dessous :

Jusqu'à 2^{m}75 de diamètre, ce nombre de bras est
de 4, de 2^{m}75 à 4, il est de 6 ; de 4 à 6^m il est de 8, et
ainsi de suite.

La section des bras est généralement égale, près

du moyeu, au quart de celle de la jante, son profil transversal est presque toujours une ellipse dont le grand axe est
dans le plan du volant et le petit dans un plan perpendiculaire.

Enfin, le moyeu a les dimensions générales indiquées
dans la figure.

Lorsqu' on étudie mathématiquement les conditions
de résistance d'un volant, on part des dimensions générales que
nous venons d'indiquer pour dresser son avant-projet, et
l'on s'assure qu'elles répondent, comme fatigue intérieure des
molécules, à des tensions et compressions que la matière
peut supporter en toute sécurité. Si les efforts intérieurs
trouvés sont supérieurs aux limites qui se rapportent à
la matière considérée, on augmente les dimensions données
par les règles empiriques ci-dessus de quantités que
le calcul détermine dans chaque cas particulier; dans
le cas contraire on conserve ces dimensions telles qu'elles.
Lorsque les volants tournent doucement et d'un mouvement uniforme les formules que nous avons établies
ne peuvent plus être appliquées puisque ces formules
ne tiennent pas compte de l'action due à la pesanteur;
pour déterminer les dimensions à donner à ces volants
on ne peut opérer alors que par comparaison et
en se servant de formules empiriques. Lorsque le nombre
de tours est un peu grand, que le mouvement en un tour
n'est pas uniforme, et que sa plus grande accélération
est sensible, les dimensions résultant des relations
empiriques que nous avons indiquées sont généralement

insuffisantes, nos formules permettent alors de déterminer les dimensions qu'il faut donner pour que les tensions et compressions ne dépassent pas les limites qui se rapportent aux matières considérées.

Application. Une jante de volant d'un diamètre moyen de 11 mètres pèse 4000 Kilog. Elle fait 100 tours par minute, l'arbre du volant transmet le travail à un laminoir, la machine peut marcher à pleine pression, le diamètre de son piston est 0.60, sa course est de 1^m et la pression effective sur le piston de 40,000 Kilogr. par unité de surface. On demande de vérifier si les dimensions données aux bras sont suffisantes.

La section de la Jante $= \dfrac{4000}{7200 \times 12.57} = 0^{m2}.04$ en

nombre rond; d'après les règles empiriques données, la section des bras près du moyeu doit donc être de $0^{m2}.01$.

Si le rapport des axes de l'ellipse est $b = \dfrac{a}{2}$, on trouve $a = 0.16$ $b = 0.08$. Près de la jante, la section des bras étant les $\dfrac{2}{3}$ de celle près du moyeu, serait de $0^{m2}.006666$.

Le volant a six bras, la jante est en 6 morceaux, il peut donc arriver que chaque bras ait à supporter seul le morceau de jante à son extrémité. Ils doivent donc pouvoir résister à une traction, du fait de la jante, égale à : $2\left[2 \times n^2 \times d^2 \times \Omega \times \sum m \alpha_1\right] = 12.800$ Kilogr. en nombre rond. Les bras étant en fonte, il faut doucleur donner près de la jante une section totale = à $\frac{12800}{1 \times 10^6}$ = 0.^{m}012800, soit le double de celle trouvée précédemment.

Le laminoir peut faire un ou plusieurs tours à vide pendant que la machine marche à pleine pression, la plus grande valeur de l'accélération angulaire sera donc égale à :

$$\frac{dw}{dt} = \frac{\sum MF}{\sum mr^2} = \frac{\left(\frac{\overline{0.60 \times \pi}^2}{4}\right) \times 40000 \times 0.50}{[2000 = 1640 + 360]} = 2.8$$

si l'on néglige le moment des forces de frottement au pourtour des tourillons, et si l'on admet que le moment d'inertie des autres organes tournant avec l'arbre est (360).

Le moment fléchissant auquel le bras a à résister dans la section qui passe par l'axe de l'arbre est, donc :

$$y_{\rho_1} = \frac{dw}{dt} \cdot \frac{I_v}{m} = 2.8 + \frac{1640}{6} = 705.2$$

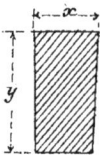

La section étant un rectangle dont le rapport des côtés est ($x = \frac{y}{2}$); on déduira (y) et par suite la section, de la relation :

$$R = \frac{12 \times \mu}{y^3} + \frac{2N}{y^2}$$

Opérant par substitutions successives, on trouve :

$y = 0.22$ et $x = 0.11$, dimensions donnant près du moyeu une section sensiblement plus grande que celle résultant de la formule empirique.

des Roues d'engrenages.

C'est en appliquant les formules relatives à la flexion plane que nous déterminons les dimensions qu'il faut donner aux diverses parties des roues d'engrenages. Occupons-nous d'abord des dents.

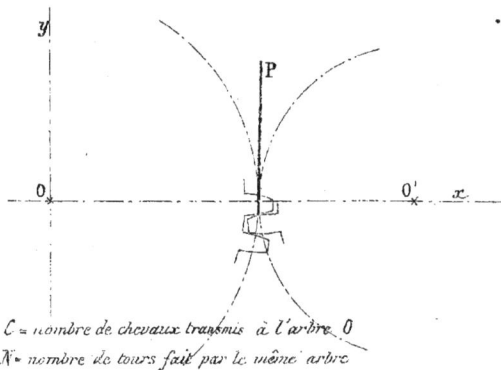

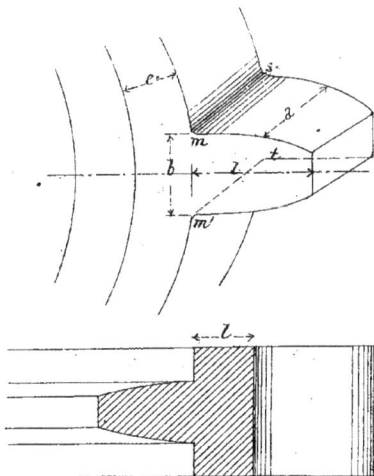

C = nombre de chevaux transmis à l'arbre O

N = nombre de tours fait par le même arbre

Lorsque les dents sont venues de fonte avec la jante on peut les assimiler, pour le calcul, à des solides encastrés à une extrémité et soumis à l'autre à l'action d'une force transversale, dont il faut déterminer la valeur dans chaque cas particulier. La valeur de cette force transversale étant la plus grande à l'instant où le contact n'existe qu'entre deux dents des roues qui se conduisent, c'est pour cette hypothèse qu'il faut la calculer. Soit (P) la composante normale à la ligne des centres de la résultante des pressions exercées contre la dent considérée, on a :

$$\mathcal{P} = \frac{75 \times C \times 60}{2 \pi . r . n} = 716.5 \frac{C}{r.n}$$

L'expression du plus grand moment fléchissant pour lequel il faut calculer les dents, et qui est : $(\mu_m = Pl)$, est donc connu dans chaque cas particulier. Les dimensions à donner à ces organes résultent de la relation :

$$R = \frac{v\mu}{I} = \frac{6 P \times l}{d . b^2}. \text{ Si nous admettons } (l = 1.3\,b) \text{ et si}$$

nous posons $(d = m.b)$, on trouve pour expression de l'épaisseur à donner aux dents dans la section d'en-castrement :

$$b = \sqrt{\frac{7.8 . \mathcal{P}}{m . R}} = 2.8 \sqrt{\frac{P}{m . R}}$$

Il résulte de cette formule que les dimensions des dents sont déterminées lorsqu'on connait (m) et (R). Lorsque les dents sont en fonte et que l'on est exposé à des chocs, il ne faut pas que R dépasse la valeur (1×10^6), s'il ne doit pas s'en produire l'on peut adopter comme valeur limite (2×10^6). Lorsque les dents sont en fer on prend $R = 3 \times 10^6$ dans le cas de chocs, et $R = 5 \times 10^6$ dans le cas contraire. Enfin, pour les dents en bois les valeurs correspondantes de (R) sont (0.3×10^6) et $(0.6) \times 10^6$. Quant à celles de (m) elles varient avec la grandeur des pressions totales entre les dents, qui se touchent. Il ne faut pas que cette pression par unité de surface dépasse une limite donnée par les conditions du graissage et d'une faible usure des corps, or la longueur des éléments en contact dans le profil des dents varie bien un peu avec le tracé, mais ne varie pas proportionnellement avec les dimensions des dents, la largeur doit donc être d'autant plus grande que la pression est considérable. L'expérience consacre les valeurs suivantes :

$(m = 3)$ lorsque (P) est compris entre 100 et 200 Kg. $(m = 4)$ lorsque (P) est compris entre 200 et 500 Kg. $(m = (4.5)$ lorsque (P) est compris entre 500 et 800 Kg. $(m = 5)$ lorsque (P) est compris entre 800 et 1200 Kg. $(m = 5.5)$ pour (P) compris entre 1200 et 2000 Kg. et $(m = 6)$ pour (P) compris entre 2000 et 3000 Kg. Ces nombres correspondent à peu près à la formule empirique $m = \frac{1}{2}\sqrt[3]{P}$

La formule établie donne l'épaisseur des dents dans sa section d'encastrement dans la couronne, cette remarque est importante à faire pour les dents à profil épicycloïdal dont la plus grande épaisseur se trouve sur la circonférence moyenne. Les dentures en développantes sont les plus rationnelles au point de vue de la résistance.

Il est difficile de déterminer théoriquement les dimensions à donner à la couronne ; elles résultent généralement de la formule empirique suivante : $(e = 1.2 \times b)$, la nervure intérieure qui soutient la couronne a le même profil que les dents.

Souvent les dents de la roue sont en bois, celles

du pignon étant en fonte; il est bien évident que dans ce cas les dents en bois ont même saillie et même largeur que celles en fonte, mais leur épaisseur doit différer puisque le coëfficient de résistance qui se rapporte aux deux matières n'est plus le même. Soit (R') le coëfficient de résistance du bois, (R) celui de la fonte (b') l'épaisseur donnée aux dents en bois, et (b) celle donnée aux dents en fonte, on a :

$$b' = 2.8 \sqrt{\frac{P}{m.R'}} \ = \ 2.8 \sqrt{\frac{P}{m.R} \cdot \frac{R}{R'}} \ = \ b \sqrt{\frac{R}{R'}} \ .$$

Le rapport des épaisseurs données aux dents est donc égal au rapport inverse des racines carrées des coëfficients de résistance qui se rapportent aux matières qui les composent.

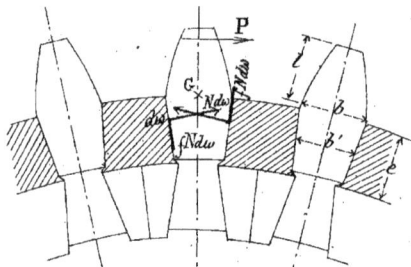

(Largeur des dents = m b)

Pour recevoir les dents en bois on pratique dans la couronne des ouvertures rectangulaires dans lesquelles on les fixe par diverses dispositions. Lorsqu'on adopte celle indiquée ci-contre, la hauteur de l'ouverture se calcule comme suit :

La dent ne peut être considérée comme encastrée dans la couronne, que si le moment des forces de frottement, qui se développent au contact du bois et de la fonte, par rapport à l'axe passant par le centre de gravité de la section d'encastrement, est égal au plus grand moment fléchissant qui agit dans cette section. On doit donc avoir :

$$b' f \Sigma N d\omega = P_+ \ell = b' f N (e \times m \div b)$$

Généralement $(b' = \ell)$, adoptons cette relation, il vient :

$$c = \frac{P}{f m . b N} = \frac{1}{2.8 \times f . N} \sqrt{\frac{PR}{m}}$$

La plus grande compression entre le bois et la fonte ne doit pas dépasser 10 Kil. par centimètre carré si l'on veut être assuré que les dents se conservent ; or, (R) peut être pris égal à (6×10^5) dans le cas de dents non exposées à des chocs, de plus, la valeur du coëfficient (f) est sensiblement égale à (0.60), on a donc :

$$e = 3.5 \sqrt{\frac{P}{m.R}} = 1.25 \, b .$$

Le profil des dents doit non-seulement satisfaire aux règles données par la cinématique, mais il doit aussi être étudié de telle façon qu'en aucune section l'effort tranchant rapporté à l'unité de surface ne dépasse une limite que l'on sait être égale aux deux tiers de (R). Si nous représentons par (y) l'épaisseur dans une section quelconque $(m.m)$, à une distance (x) de la section d'encastrement, on doit donc avoir :

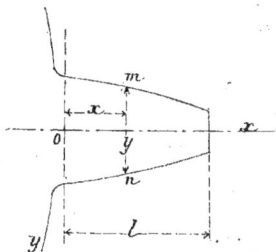

$$\frac{P}{m.b.y} < = \frac{2}{3} R$$

Il faut donc que : $y => \frac{3P}{2 \times m \times b \times R}$ et comme $\frac{P}{R} = \frac{m.b^2}{7.8}$

on trouve pour relation finale :

$$y => 0.192 \times b$$

La considération de l'effort tranchant détermine également une limite au-dessous de laquelle ne peut pas tomber la saillie (ℓ) des dents.

En effet, si dans l'équation : $R = \frac{6Pℓ}{2b^2}$ on remarque que $(\frac{P}{2b})$ doit être plus petit que l'effort tranchant moyen rapporté à l'unité de surface ($\frac{2}{3}R$), il vient :

$$ℓ > 0.25 \times b.$$

Ces quelques considérations permettent de vérifier les conditions de résistance de tout profil donné aux dents.

Calcul des bras. Leur section présente généralement la forme d'une croix dont l'épaisseur est à peu près celle des dents. On néglige, dans les calculs de résistance, l'influence de la nervure dans le plan perpendiculaire à celui de la roue et on ne tient compte que de la section rectangulaire située dans ce plan. L'influence de la section négligée est d'ailleurs peu sensible, comme nous le verrons plus loin.

Pour déterminer les dimensions qu'il faut donner aux diverses sections, on assimile le bras à un solide

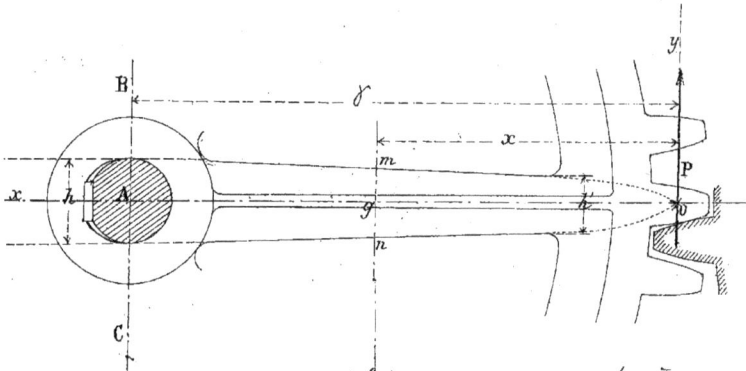

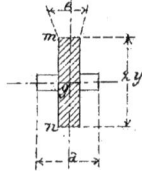

encastré à une
extrémité dans le
moyeu, et soumis
à son autre extré-
mité à l'action

d'une force transversale, égale à la composante normale
à la ligne des centres des pressions exercées par les dents
de la roue engrénée contre les dents de la roue que nous
considérons. En opérant ainsi on ne tient aucun compte
de la liaison qui existe entre les bras et la jante, de la
solidarité entre les bras reliés par cette jante et du
mouvement varié dont la roue peut être animée. Mais
comme le fait de faire supporter isolément à chaque
bras l'action de la force (P), ne peut amener qu'à forcer
un peu les dimensions données aux bras, nous ne
voyons aucun inconvénient à baser nos calculs sur des
hypothèses qui conduisent à des formules simples et faciles
à établir. Lorsque la roue a de grandes dimensions,

que son mouvement est varié et que le nombre de tours qu'elle fait par minute est grand, on ajoutera, dans les calculs qui suivent, les forces résultant du mouvement varié à celles que nous considérons.

Supposons le mouvement uniforme, dans ce cas, une section quelconque, à une distance (x) du point d'application de la force (P) prise pour origine, est soumise à un effort tranchant égal à (P) et à un moment fléchissant (Px). Ses dimensions transversales doivent donc satisfaire aux relations :

$$\frac{P}{2 \times e \times y} \quad \left\langle = \frac{2}{3} R \quad \text{et} \quad R = \frac{v}{I} \times P_x x = \frac{3 \, y \cdot P \cdot x}{2 \cdot e y^3} = \frac{3 \, P x}{2 \times e \times y^2}\right.$$

L'épaisseur (e) étant prise égale à celle donnée aux dents, nous avons dans ces deux équations les éléments nécessaires pour déterminer complètement le profil qu'il faut donner aux bras. Lorsqu'on s'impose la condition que la compression et la tension longitudinales (R) des fibres extrêmes soient constantes dans toutes les sections, on obtient des bras présentant un profil parabolique que la considération de l'effort tranchant ne permet pas de conserver jusqu'à l'origine (O), et que les considérations du moulage ne permettent pas toujours, de pousser jusqu'à la couronne, où il serait difficile de bien raccorder ensemble la petite masse de fonte que présente le bras à celle de la jante. C'est pourquoi l'on substitue au profil parabolique un profil trapézoïdal qui satisfait aux conditions relatives à la tension longitudinale et à l'effort tranchant, et que l'on obtient en opérant comme suit : L'on détermine la hauteur (h) du rectangle (m n) à sa rencontre avec l'axe de l'arbre, et l'on admet pour hauteur, à la jonction avec la couronne, une grandeur (h'= 0.8 h). Pour déterminer le profil, il suffit alors de connaître (h), quantité qui se déduit de la formule :

$$h = \sqrt{\frac{6.P + r}{e.R}}$$

Du Moyeu.

Dans les petits engrenages on donne au moyeu une longueur λ égale à la largeur (a) de la jante. Quand leur diamètre dépasse 0.50, on y ajoute un excédant proportionnel au rayon afin d'augmenter la stabilité de la roue sur son arbre, on prend alors :

$$λ = a + 0.05 + r.$$

L'épaisseur du moyeu doit être suffisante pour recevoir l'assemblage à clavette tangentielle ou engagée sans qu'il puisse être rompu par le serrage de cette clavette. Pour calculer cette épaisseur on suppose qu'il n'y a de contact entre le moyeu et l'arbre que sur la demi-circonférence opposée à la clavette ; cette hypothèse admise il faut, pour que l'arbre ne tourne pas dans le moyeu, que le moment des forces de frottement provenant de la pression entre les surfaces qui se touchent, par rapport à l'axe de l'arbre, soit plus grand ou au moins égal à la plus grande valeur du moment de la pression exercée contre les dents de la roue, par rapport au même axe. Si N représente la pression par unité de surface entre le moyeu et l'arbre il faut donc que :

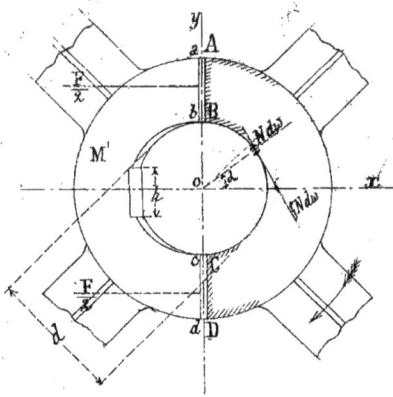

$$\int f\, N d\omega \frac{d}{2} \big\rangle = \mathcal{P}_r$$

mais $\int d\omega = \dfrac{\pi d^2}{2}\lambda$, on a donc, dans le cas de l'égalité :

$$f\, N \frac{\pi d^2}{4}\lambda = \mathcal{P}_r \qquad \text{d'où}$$

$$N = \frac{4\,\mathcal{P}_r\, r}{f\,\pi\, d^2\lambda}$$

La largeur du moyeu étant donnée, cette formule détermine la plus grande compression qui doit exister entre les surfaces en contact pour que la roue ne tourne pas sur l'arbre Si; ce qui arrive rarement, cette pression dépassait la limite qui se rapporte aux matières en contact on augmenterait λ de telle façon que cette limite ne soit pas dépassée.

N calculé, on a pour expression de l'effort qui tend à séparer les deux moitiés du moyeu l'une de l'autre, lorsqu'on néglige l'état de mouvement de la roue :

$$F = \Sigma N d\omega \cos\alpha = N.d.\lambda = \frac{4+\mathcal{P}_x\, r}{f_x\,\pi+d}$$

(e) étant l'épaisseur qu'il faut lui donner, on déduit de cette expression :

$$2\,e\,\lambda\,F = \frac{4\,\mathcal{P}.\,r}{f.\,\pi.d} \qquad \text{d'où} \qquad e' = \frac{2.\mathcal{P}.\,r}{f.\,\pi.d.\lambda.R}$$

Quant à la clavette elle doit résister à une compression totale égale à ($\mathcal{P}$). Si (R') est l'effort de compression auquel on peut soumettre les corps en contact on aura, en représentant par (h) la hauteur inconnue de la clavette :

$$h = \frac{4 \cdot P \cdot r}{f \cdot \pi \cdot d \cdot \lambda \cdot R'}$$

Dans le cas de moyeu en fonte et de clavette en fer, on peut prendre en toute sécurité ($R' = 3R$), on peut donc dire que ($h = \frac{2}{3} e'$), si l'on admet que le coëfficient de frottement ($f = 0.100$).

Engrenages coniques.

Les dimensions à donner aux diverses parties de ces roues se déterminant par des considérations analogues à celles que nous venons d'exposer, nous croyons inutile de les reproduire ici :

Nombre des bras des roues d'engrenages.

Dans les procédés de calcul que nous avons indiqués pour déterminer les dimensions qu'il faut donner aux diverses parties qui composent les roues d'engrenages, rien ne fixe le nombre de bras qu'il faut adopter, puisque chacun d'eux est supposé résister seul à l'effort tangentiel (P) qui agit sur la roue. Néanmoins, sans chercher à calculer théoriquement ce nombre, on comprend que plus il est grand moins la jante doit être fatiguée par l'effort tangentiel qui agit sur les dents, et moins la fatigue des bras doit être augmentée du fait du mouvement. Ces quelques mots expliquent la règle pratique indiquée ci-dessous :

Si la roue a moins de 1^{m}50^c de diamètre on met 4 bras. Lorsque son diamètre est compris entre 1^{m}50^c et 2^{m}50^c on en met 6. Lorsqu'il est compris entre 2^{m}50 et 5^{m}00 on en met 8. Enfin si son diamètre est plus grand que 5^{m}00, on en met 10.

§. 3me
Applications
relatives à la Torsion

Les formules que nous rappelons ne sont rigoureusement vraies que si la pièce, encastrée à l'une de ses extrémités et soumise à l'autre extrémité à l'action d'un couple, est cylindrique, et si son poids est négligeable lorsqu'on le compare aux autres forces qui agissent sur le système. Nous les appliquerons dans des limites beaucoup plus étendues, mais il est important de faire remarquer que les résultats auxquels elles conduisent ne sont plus alors que des résultats approchés.

(θ) étant l'angle de torsion, c'est-à-dire l'angle dont deux sections à 1^{m}00 se sont déplacées l'une par rapport à l'autre, (α) étant l'angle de l'hélice en laquelle se transforme une fibre, primitivement rectiligne à une distance (ρ) de l'axe, (F) étant l'effort tangentiel rapporté à l'unité de surface qui sollicite un élément d'une section quelconque à cette même distance (ρ) de l'axe, et (G) représentant le coëfficient de torsion, on trouve pour relation entre ces quantités :

$$F = G\theta\rho \; , \quad P\rho = G\theta I_o \quad \text{et} \; \tan\alpha = \theta\rho$$

L'on déduit de ces équations pour formuler répondant à la solution des deux problèmes généraux relatifs à la torsion :

1er Problème :
$$F = \frac{S.P.\rho}{I_o}$$

2e Problème :
$$\tan\alpha = \frac{S.P.\rho}{G.I_o}$$

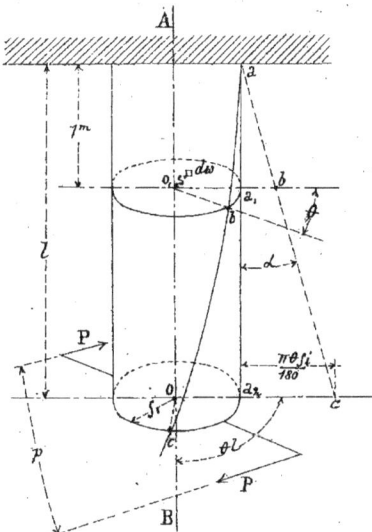

Moment du couple de torsion $= P p$.
Moment d'Inertie polaire de la section $= I_o$.

La solution de ces deux problèmes, tels qu'ils se présentent dans la plupart des applications, étant subordonnée à la connaissance préalable pour chaque corps, des coëfficients de torsion (G) et de l'effort tangentiel (F) que l'on peut adopter en toute sécurité, nous allons donner les valeurs de ces 2 facteurs par diverses matières, en faisant remarquer que l'effort tangen-tiel (F) indiqué dans le tableau ci-dessous est le tiers de celui qui répond aux déformations permanentes appréciables :

Métal	Valeur de G	Effort tangentiel F
Fer forgé	6 à 7×10^9	6×10^6
Fer laminé	6×10^9	6×10^6
Acier corroyé	8×10^9	8×10^6
Acier fondu	10×10^9	10×10^6
Fonte	2×10^9	2×10^6
Cuivre rouge	4.4×10^9	4.4×10^6
Bronze	1×10^9	1×10^6
Bois de chêne	0.4×10^9	0.4×10^6
Bois de sapin	0.45×10^9	0.45×10^6

Calcul du diamètre à donner à un arbre mû par engrenages ou courroies, pouvant être assimilé à un cylindre soumis à l'action d'un couple de torsion constant.

Lorsque le mouvement de rotation d'un arbre est uniforme, le couple de torsion dans ses diverses sections est constant et toute portion (A B C D) de cet arbre peut être assimilée à la pièce cylindrique considérée en établis-sant les formules qui se rapportent à ce cas de la résistance des matériaux.

Le problème industriel à résoudre est alors

celui-ci : Le couple de torsion qui sollicite la portion d'arbre considérée (ABCD) étant déterminé, soit directement, soit par le travail en chevaux que l'arbre doit transmettre, la matière qui compose l'arbre étant connue, trouver le diamètre (d) qu'il faut lui donner en fonction de ces éléments et de l'effort tangentiel rapporté à l'unité de surface qu'il ne faut pas dépasser.

De la formule $\left(F = \frac{\rho P.p}{I_o}\right)$ l'on déduit, en remarquant que pour les éléments de la surface qui sont les plus fatigués, $\left(\rho = \frac{d}{2}\right)$ et $I_o = \frac{\pi d^3}{32}$:

$$d^3 = \frac{16.P.p}{\pi F} \qquad \text{d'où : } d = 1{,}72 \sqrt[3]{\frac{P.p}{F}} \qquad (1).$$

Mais $(P_p \times 2\pi)$ est égal au travail transmis à l'arbre en un tour, si donc nous représentons par (C) le travail en chevaux transmis à l'arbre par seconde et par (n) le nombre de tours que l'arbre fait par minute, on aura :

$$P_p \times 2\pi = 75.C \frac{60}{n} \qquad \text{d'où } P_p = 716{,}3 \frac{C}{n}$$

Substituant dans l'équation (1) à (P_p) cette valeur

on trouve pour expression du diamètre en fonction du nombre
de chevaux transmis à l'arbre :

$$d = 15.4 \sqrt[3]{\frac{C}{n \times F}} \qquad (2)$$

Le diamètre à donner à l'arbre est souvent
exprimé en fonction du nombre de Kilogrammètres transmis à
l'arbre dans une minute. Soit (A) ce nombre, on
aura :

$$P_p = \frac{75 \times C \times 60}{2 . \pi . n} = \frac{A}{2 . \pi . n}$$

d'où en substituant à (P_p) cette valeur dans
l'équation (1) :

$$d^3 = 5.095 \frac{A}{2 . \pi . n . F} = \left(\frac{0.811}{F} \right) \frac{A}{n} = K \frac{A}{n} \qquad (3)$$

Ces formules supposent que l'arbre est animé d'un
mouvement de rotation uniforme, que son accélération angulaire
est nulle, et, par suite, que la valeur du couple de
torsion dans toutes les sections est constante. Beaucoup
d'auteurs adoptent la même formule (3) pour les arbres
animés d'un mouvement de rotation varié, afin de conserver
à ce calcul un grand caractère de simplicité, mais ils
donnent alors au coefficient (K) des valeurs qui varient,
non-seulement, avec la nature de la matière employée dans
la construction de l'arbre, mais aussi avec la nature du
travail qu'il a à transmettre. Nous résumons ci-après
les valeurs de (K) dont il est fait alors usage.

Conditions de la transmission du travail	arbres ronds en fer		arbres ronds en fonte	
	F	K	F	K
Travail régulier avec moteur régulier (roue ou turbine)	4×10^6	$\dfrac{0.20}{10^6}$	2×10^6	$\dfrac{0.405}{10^6}$
Travail régulier avec moteur moins régulier	3.5×10^6	$\dfrac{0.22}{10^6}$	1.75×10^6	$\dfrac{0.443}{10^6}$
Travail irrégulier avec moteur régulier	3×10^6	$\dfrac{0.27}{10^6}$	1.50×10^6	$\dfrac{0.540}{10^6}$
Travail irrégulier avec moteur irrégulier	2.5×10^6	$\dfrac{0.325}{10^6}$	1.25×10^6	$\dfrac{0.650}{10^6}$
Travail par intermittence......	2×10^6	$\dfrac{0.405}{10^6}$	1.00×10^6	$\dfrac{0.811}{10^6}$
Laminoirs..........	1.5×10^6	$\dfrac{0.540}{10^6}$		
Marteaux..........	0.75×10^6	$\dfrac{1.08}{10^6}$	0.50×10^6	$\dfrac{1.62}{10^6}$

L'on substitue souvent des arbres creux aux arbres pleins. Cette disposition présente de grands avantages comme économie de poids ; les calculs qui suivent le démontrent :

Considérons deux arbres fabriqués avec la même substance, soumis tous deux à l'action du même couple de torsion, l'un étant plein

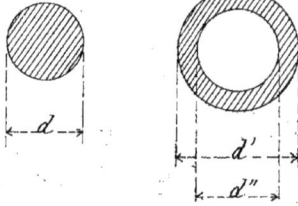

et l'autre étant
creux.

Pour l'arbre plein
l'on a :

$$P_p = F \frac{I_o}{\rho} = F \frac{\pi d^3}{16}$$

Pour l'arbre creux
l'on a :

$$P_p = F \frac{\pi}{16 \times d'} \left(d'^4 - d''^4 \right)$$

La valeur de (F) étant la même pour les deux arbres, on obtient, en égalant les deux seconds membres : $d^3 = \left(d'^4 - d''^4 \right) \times \frac{1}{d'}$.

Et si l'on pose ($d'' = m d'$) il vient :
$d^3 = (1 - m^4) \, d'^3$ d'où :

$$d' = \sqrt[3]{\frac{d}{(1 - m^4)}}.$$

A l'arbre plein correspond une section $\frac{\pi d^2}{4}$, à l'arbre creux une section :

$$\frac{\pi}{4} \left(d'^2 - d''^2 \right) = \frac{\pi}{4} \, d'^2 \, (1 - m^2) = \frac{\pi d^2}{4} \frac{(1 - m^2)}{\sqrt[3]{(1 - m^4)^2}}$$

La relation qui existe entre la section de l'arbre creux et celle de l'arbre plein est donc :

$$S \text{ (section de l'arbre creux)} = S \text{ (section n. de l'arbre plein)} \times \frac{1 - m^2}{\sqrt[3]{(1 - m^4)^2}}$$

Pour $m = 0.5$ on a $S'_c = 0.783\ S_p$

Pour $m = 0.8$ on a $S'_c = 0.512\ S_p$, et, comme dans ce dernier cas, le diamètre de l'arbre creux est égal à (1.193) fois celui de l'arbre plein, l'on reconnaît qu'à une augmentation de diamètre de moins de vingt pour cent répond une diminution de poids de près de cinquante pour cent.

Les arbres à section carrée ne sont plus guère employés ; ils présentent trois inconvénients graves. À résistance égale ils sont plus lourds, la matière y est moins bien utilisée puisque les quatre arêtes sont seules soumises à l'effort maximum de glissement (F), enfin, les formules dont on se sert pour calculer leurs dimensions ne s'appliquent plus à leur profil que par à-peu-près, ce qui se démontre dans la théorie mathématique de l'élasticité.

Il est facile de justifier le fait qu'à résistance égale l'arbre à section carrée est plus lourd que celui à section circulaire. Considérons, en effet, deux arbres soumis à l'action d'un même couple de torsion, construits avec la même matière et devant, tous deux, être soumis au même effort maximum de glissement F. On a :

Arbre à section carrée $P_p = F \times \dfrac{I_o}{r} = F \times \dfrac{\frac{c^4}{6}}{\frac{c}{\sqrt{2}}} = \dfrac{F c^3}{\sqrt{18}} = \dfrac{F c^3}{4.242}$

Arbre à section circulaire $P_p = F \times \dfrac{\pi d^3}{16}$

De ces deux relations l'on déduit :

$$\frac{c^2}{\frac{\pi d^2}{4}} = \frac{4\sqrt[3]{(4.242)^2}}{\pi\sqrt[3]{(\frac{16}{\pi})^2}} = 1.126$$

$$Et : \frac{c}{d} = \sqrt[3]{\frac{4.242}{\frac{16}{\pi}}} = 0.94$$

L'arbre à section carrée est donc plus lourd que l'arbre à section circulaire de plus de un dixième.

Calcul du diamètre à donner aux arbres animés d'un mouvement varié :

Lorsque les couples de torsion dans les sections extrêmes (AB, CD) n'ont pas la même valeur, la portion d'arbre comprise entre ces sections est animée d'un mouvement de

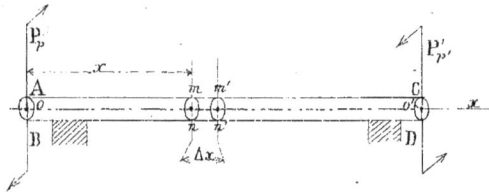

rotation varié. Si nous représentons par $\left(\frac{d\omega}{dt}\right)$ son accélération angulaire à l'instant considéré, et par (I_A) le moment d'inertie de l'arbre par rapport à son axe, on a :

$$\frac{d\omega}{dt} = \frac{P_p - P'_{p'}}{I_A}$$

Pour deux sections $(m\,n)$ $(m'n')$ à une distance (Δx) l'une de l'autre, on peut donc écrire la relation :

$$\Delta \cdot (P_p) = \left(\frac{dw}{dL} I_\Lambda \right) \Delta x$$

Il résulte de cette équation que pour une portion d'arbre de longueur infiniment petite la différence entre les moments de torsion aux sections extrêmes est elle-même négligeable, et que, par suite, on peut appliquer à cette portion cylindrique de l'arbre les formules générales rappelées au commencement de ce chapitre. Si, ce qui arrive souvent, la section est constante, elle devra donc être déterminée en vue de résister au plus grand couple de torsion qui agit sur la portion d'arbre considérée. C'est ce que nous faisons dans les exemples qui suivent :

1º. Arbres mûs par bielle et manivelle.
(Cas d'une machine sans détente).

Considérons tout d'abord le cas d'une machine à colonne d'eau, d'une pompe ou d'une machine sans détente, agissant sur l'arbre par l'une de ses extrémités. Dans ces divers cas, la résultante des pressions exercées contre le piston est une constante que nous représentons par P.

Admettons enfin que la longueur de la bielle soit grande par rapport au rayon de la manivelle et que l'on puisse sans erreur sensible la supposer, dans ses diverses positions, parallèle à l'axe de la tige du piston dans le prolongement duquel se trouve l'axe de l'arbre. On aura pour expression du couple de torsion répondant à un déplacement (α) de la manivelle :

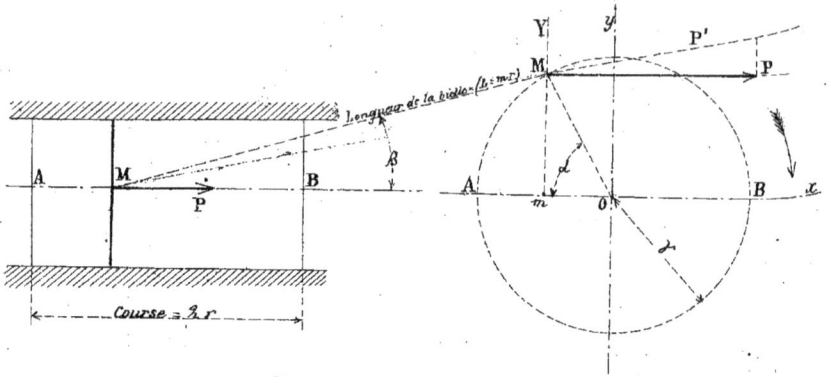

$$P_p = P.r. \, \sin \alpha .$$

Ce couple de torsion ayant pour plus grande valeur (Pr), la formule qui donne le diamètre de l'arbre en fonction de ce facteur devient :

$$d^3 = \frac{16\, Pr}{\pi\, F} \qquad d'où \qquad d = 1.72 \sqrt[3]{\frac{P.r.}{F}}$$

Le travail transmis en un tour à l'arbre est $(4\, P.r)$. Si (C) est le travail exprimé en chevaux transmis par la machine à l'arbre supposé faire (n) tours par minute, on a donc :

$$4\, P.r = \frac{75.\, C.\, 60}{n} \qquad d'où : P.r = 1125\, \frac{C}{n}$$

L'expression du diamètre en fonction du nombre de chevaux transmis devient alors :

$$d = 17.89 \sqrt[3]{\frac{C}{n\, F}}$$

Lorsque le travail est transmis par courroies ou roues d'engrenages, et que le mouvement de l'arbre est uniforme, la formule donnant son diamètre est :

$$d' = 15.4 \sqrt[3]{\frac{C}{n\,F}}$$

Le rapport des diamètres est donc, dans ces deux cas, pour un même travail et un même nombre de tours :

$$d = 1.162\, d' \qquad d'où \quad \Omega = 1.35\, \Omega'$$

Le poids à donner à l'arbre mû par bielle et manivelle, la pression sur le piston étant constante, est donc de 35% plus grand que celui nécessaire lorsque l'arbre, transmettant le même nombre de chevaux, faisant le même nombre de tours, et étant animé d'un mouvement de rotation uniforme, reçoit et transmet son mouvement par courroies ou engrenages.

Lorsqu'on veut tenir compte de l'inclinaison de la bielle, les résultats ci-dessus se modifient comme suit :

A l'inclinaison (α) de la manivelle correspond un couple de torsion égal à :

$$M\,P = Pr\,Sin\,\alpha + y.\,r.\,Cos\,\alpha$$

Mais $(y = P\,tang\,\beta)$, il vient donc :

$$M\,P = Pr\,(Sin\,\alpha\ Pr\,Cos\,\alpha\ tang\,\beta).\ \text{Et comme :}$$

$$tang\,\beta = \frac{Sin\,\beta}{Cos\,\beta} = \frac{r\,Sin\,\alpha}{L\sqrt{1 - \frac{r^2\,Sin^2\alpha}{L^2}}} = \frac{Sin\,\alpha}{\sqrt{m^2 - Sin^2\alpha}}$$

On a en substituant :

$$\mathcal{MP} = \mathcal{P}r\left[\delta m\alpha + \frac{\cos\delta\, \delta m\alpha}{\sqrt{m^2 - \delta m^2\alpha}}\right] = \mathcal{P}r\left(\delta m\alpha + \frac{\delta m^2\alpha}{2m}\right)$$

Si l'on remarque que l'on peut sans erreur sensible substituer dans la plupart des cas, à $\left(\sqrt{m^2 - \delta m^2\alpha}\right)$ l'expression (m), puisque (m^2) est au moins égal à 25, que $(\delta m^2\alpha)$ est au plus égal à (1) et que, par suite, la plus grande erreur est en valeur absolue :

$$\sqrt{25} - \sqrt{24} = 0.102$$

Cette expression devenant maximum pour :

$$\left[\cos\alpha = -\frac{m}{4} \pm \left(\sqrt{1 + \frac{8}{m^2}}\right)\frac{m}{4}\right]$$ c'est-à-dire :

$$\cos\alpha = \frac{m}{4}\left(\sqrt{1 + \frac{8}{m^2}} - 1\right)$$

Et la distance (AM) du piston à sa position initiale étant en ce moment :

$$x = r(1 - \cos\alpha) + mr\left(1 - \sqrt{1 - \frac{\delta m^2\alpha}{m^2}}\right)$$

on a tous les éléments pour déterminer, dans chaque cas particulier, la plus grande valeur du couple de torsion, la position de la manivelle et celle du piston, qui répondent à cette plus grande valeur.

Nous donnons ci-après, le couple de torsion maximum répondant à diverses valeurs de (m).

$$m = 5$$

$m = 5$ Cos α répondant au maximum $= 0.1875$ $\alpha = 79°12'$ plus grand couple de torsion $= 1.075 \, \text{Pr}$

$m = 6$ Cos α " " $= 0.1590$ $\alpha = 80°51'$ " " $1.066 \, \text{Pr}$

$m = 10$ Cos α " " $= 0.0975$ $\alpha = 84°24'$ " " $1.044 \, \text{Pr}$

$m = 15$ Cos α " " $= 0.0723$ $\alpha = 85°51'$ " " $1.031 \, \text{Pr}$

$m = \infty$ Cos α " " $= 0.0000$ $\alpha = 90°$ " " $1.000 \, \text{Pr}$

L'examen de ce tableau montre que, dans les conditions ordinaires de la pratique, l'hypothèse de la bielle infinie donne la valeur du plus grand couple de torsion à moins de un dixième de sa valeur réelle. Pour une étude d'avant-projet cette hypothèse sera donc toujours suffisamment exacte.

Quant aux moments de torsion répondant aux valeurs de (α) comprises entre 0 et l'inclinaison qui répond au maximum, ils diffèrent d'autant plus de ceux calculés pour l'hypothèse de la bielle infinie que (m) et (α) sont plus petits.

Ce résultat, que la discussion de la formule fait reconnaître facilement, est mis en évidence par les chiffres du Tableau ci-après.

($m = 5$).

Valeur de

Valeur de α	Moment de torsion Cas de bielle infinie.	Moment de torsion réel $P_r - (\sin\alpha + \frac{\sin 2\alpha}{2m})$
10°	0.173 P_r	0.208 P_r
20°	0.342 P_r	0.406 P_r
30°	0.500 P_r	0.587 P_r
40°	0.643 P_r	0.740 P_r
50°	0.766 P_r	0.864 P_r
60°	0.866 P_r	1.039 P_r
70°	0.939 P_r	1.067 P_r
80°	0.984 P_r	1.052 P_r
90°	1.000 P_r	1.000 P_r

2. Arbre mû par bielle et manivelle.
Cas d'une machine à détente.

———

Il s'agit, comme dans le cas précédent, de trouver la plus grande valeur que le couple de torsion atteint par demi-tour. (P) représentant la pression variable exercée contre le piston, on a toujours pour expression du couple de torsion répondant à une position quelconque de la manivelle :

$$ M P = P_r \left(\sin\alpha + \frac{\sin 2\alpha}{2m} \right) \qquad (1.) $$

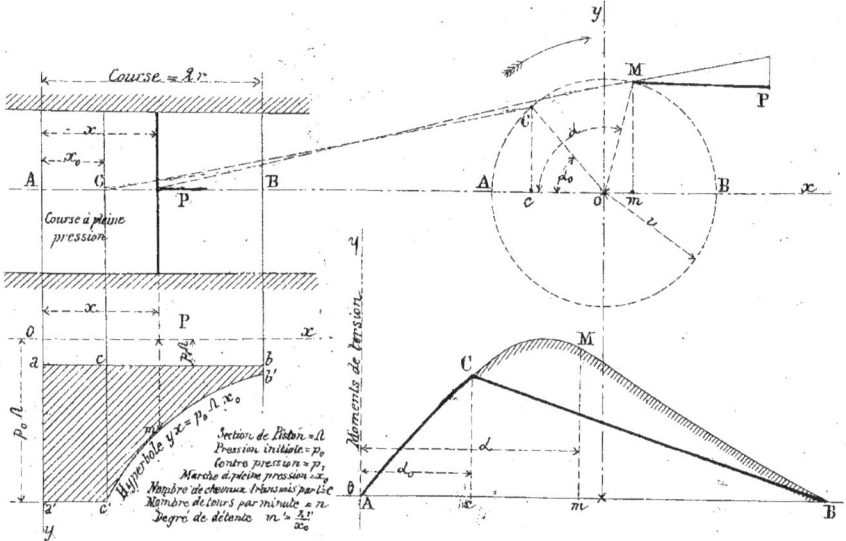

Course = 2r

Course à pleine pression

Section de Piston = Ω
Pression initiale = p_o
Contre pression = p_1
Marche à pleine pression = x_o
Nombre de chevaux transmis par la
Nombre de tours par minute = n
Degré de détente m = $\frac{2r}{x_o}$

Hyperbole $yx = p_o \, \Omega \, x_o$

Moments de torsion

Mais ($\mathcal{G}$) n'est constant que pendant une
portion de la course. La courbe représentative des moments
de torsion, construite en portant en ordonnée les moments
et en abscisses les chemins correspondants parcourus par
le bouton de la manivelle, ne coïncide donc avec celle
construite dans l'hypothèse où la pression reste constante
pendant toute la course du piston, que pour les valeurs
de (α) répondant à la période de marche à pleine
pression. Si, considérant (Pr) comme constant, on
trouve pour valeur de (α), rendant l'expression (1)
maximum, une valeur plus petite que celle qui répond
à l'angle de marche à pleine pression, on doit prendre
pour plus grande valeur du couple de torsion celle de

l'expression (1) lorsqu'on y remplace (α) par cette valeur. Dans le cas contraire, la discussion de la formule et l'inspection de la figure représentative de la courbe des moments de torsion, démontrent que la plus grande valeur du couple de torsion coïncide avec la position de la manivelle répondant à la fin de la période de marche à pleine pression. Cette dernière hypothèse, qui se produit toutes les fois que ($m' > 2$), est celle que nous allons examiner.

Admettons tout d'abord que la contre-pression soit constante, que l'influence des espaces nuisibles, des recouvrements et des avances soit négligeable, et supposons que la pression à la fin de la période de détente diffère de la contre-pression.

Pour déterminer le plus grand couple de torsion il faut connaître la valeur de ($\sin\alpha + \frac{\sin 2\alpha}{2m}$) lorsqu'on y remplace ($\alpha$) par ($\alpha_o$) et la valeur de ($P_r = P_o r$), ($P_o$) étant la pression initiale ($p_o \Omega - p_1 \Omega$)

La valeur de (α_o) résulte de la relation :

$$x_o = r(1 - \cos\alpha_o) + mr\left[1 - \sqrt{1 - \frac{\sin^2\alpha_o}{m^2}}\right]$$

ou d'une construction graphique très simple une fois que l'on a construit l'épure de distribution :

Quant à ($P_o r$), on le déduit de la relation :

$$75\,C = \frac{p_o\Omega \times 2r \times n}{30 \times m'}\left(1 + 2.3026\,\text{Log.}(= m') - \frac{p'}{p_o}\,m'\right)$$

(α_o) et ($P_o r$) déterminés, le plus grand moment de torsion auquel l'arbre a à résister est connu, et par suite le diamètre à donner à l'arbre.

Dans le cas particulier où la détente est parfaite, c'est-à-dire, dans le cas où $(p_1 = \frac{p_o}{m'})$ et lorsqu'on suppose la longueur de la bielle infinie, on trouve, sans difficulté aucune, une expression simple du diamètre de l'arbre en fonction du degré de détente. En effet, de la relation :

$$75 \times C = \frac{p_o \, \Omega \cdot 2\,r \cdot n}{30 \cdot m'} \times 2.3026 \, Log \, m' \qquad \text{on déduit :}$$

$$p_o \, \Omega \, r = \frac{30 \times 75 \times C \times m'}{2 \times 2.3026 \, Log \, m' \times n}$$

Et comme $P_o = p_o \, \Omega - p_1 \Omega = p_o \Omega \left(1 - \frac{1}{m'}\right)$ on peut écrire :

$$P_o r = \frac{30 \times 75 \times C \times (m'-1)}{2 \times 2.3026 \, Log \, m' \times n} = 488,5 \times \frac{C}{n} \times \frac{m'-1}{Log \, m'}$$

Or : $\sin \alpha_o = \frac{y}{r} = \frac{1}{r} \sqrt{r^2 - \left(r - \frac{2r}{m'}\right)^2} = \frac{2}{m'} \sqrt{m'-1}$

Il vient donc pour expression du plus grand moment de torsion :

$$MP = 977 \times \frac{C}{n} \times \frac{(m'-1)\sqrt{m'-1}}{m' \, Log \, m'} = 977 \, \frac{A \times C}{n}$$

Si l'on représente par A un coëfficient variable avec le degré de détente, dont la valeur est :

$$A = \frac{(m'-1)^{\frac{3}{2}}}{m' \, Log(m')}$$

Le plus grand moment de torsion connu, la

formule donnant le diamètre de l'arbre devient :

$$d = 17.08 \sqrt[3]{\frac{A \times C}{n}}$$

Et les diverses valeurs de (A) répondant aux degrés de détente que l'on peut avoir à employer sont :

Pour $m' = 2$ $A = 1.66$ $m' = 5$ $A = 2.290$

$m' = 3$ $A = 1.97$ $m' = 6$ $A = 2.395$

$m' = 4$ $A = 2.16$ $m' = 7$ $A = 2.485$

3°. — Arbres mis en mouvement par deux manivelles calées à 90°.

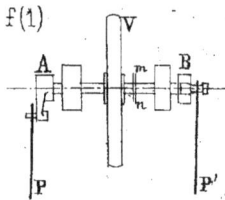

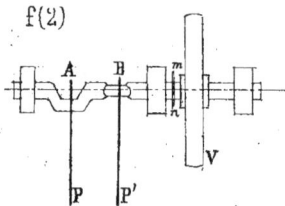

Dans les arbres actionnés par deux manivelles calées à (90°), on place ces dernières de deux manières : soit à droite et à gauche de la roue ou poulie V qui transmet le travail reçu par l'arbre aux machines, soit d'un même côté de cette roue.

Les fig (1) et fig (2) indiquent les principes de ces dispositions.

Si, dans le premier cas, on considère le mouvement de la portion d'arbre comprise entre une section quelconque (mm), près la poulie (V), et

L'extrémité B la plus rapprochée de l'une des bielles, on trouve pour expression du couple de torsion dans cette section :

$$\mathcal{M} \mathcal{P} = \frac{dw}{dt} \Sigma\, m r^2 + \mathcal{M} \mathcal{P}' - \Sigma \left[\text{moments des} \right.$$

forces de frottement contre le tourillon $\left.\right]$, C'est-à-dire, qu'un arbre placé dans ces conditions se calcule en suivant une marche identique à celle que nous venons de développer.

Si les bielles agissent d'un même côté de la poulie (V) on a, en considérant le mouvement de la portion d'arbre comprise entre une section quelconque (mm) près de la poulie et l'extrémité de l'arbre actionnée par les bielles :

$$(Pp) = \frac{dw}{dt} \Sigma\, m r^2 + \mathcal{M} P + \mathcal{M} P' + \Sigma \left[\text{des moments} \right.$$

des forces du frottement dues aux réactions des paliers $\left.\right]$

On peut donc écrire pour valeur approchée du couple de torsion dans la section la plus fatiguée :

$$(Pp) = \mathcal{M} P + \mathcal{M} P' = Pr \left(\sin\alpha + \frac{\sin 2\alpha}{2m} \right) + P'r \left(\cos\alpha - \frac{\sin 2\alpha}{2m} \right)$$

Lorsque la vapeur se détend dans les deux cylindres le procédé le plus simple pour obtenir le plus grand moment de torsion est de construire la

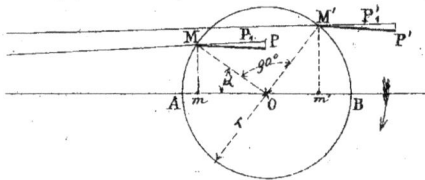

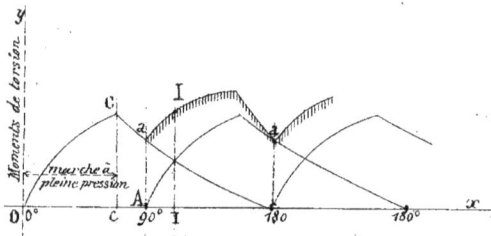

courbe repré-
sentative de
ces moments
en superposant
les ordonnées
des moments
de torsions
répondant à

chacune des bielles des deux cylindres.

Si, comme cas particulier, la pression dans
chaque cylindre est constante, la valeur du couple de
torsion est à chaque instant :

$$(P_p) = Pr(\sin\alpha + \cos\alpha)$$

Quantité maximum pour $(\alpha = 45°)$ et dont la
plus grande valeur est : $(P_p) = Pr\sqrt{2}$, d'où :

$$d = 1.93 \sqrt[3]{\dfrac{Pr}{F}}$$

Observation.

Dans les machines à un seul cylindre et à détente,
l'arbre est calculé, d'après les formules établies, pour
résister à un plus grand moment de torsion correspondant
à la position de la manivelle pour laquelle la détente
commence ; or, il peut arriver qu'à la mise en train on
laisse entrer la vapeur pendant toute la course ou
pendant plus de la moitié de la course, c'est-à-dire,
pendant une période à laquelle répond un moment de

de torsion beaucoup plus grand que celui considéré dans nos calculs. Si donc on s'impose la condition qu'en aucun moment du mouvement le plus grand couple de torsion ne dépasse pas une valeur donnée, il faudra calculer l'arbre par les formules établies pour le cas de la marche à pleine pression ; si, au contraire, il suffit qu'en marche normale la plus grande valeur de (F) ne dépasse pas une limite donnée, nous ferons usage des formules établies pour les machines à détente.

Souvent des considérations spéciales imposent la condition que le déplacement relatif au pourtour des sections extrêmes ne dépasse pas une limite donnée (ds). Lorsqu'on calcule les dimensions en vue de remplir cette condition, elles résultent de la formule :

$$d = 1.72 \sqrt[3]{\dfrac{P_p}{G \dfrac{ds}{\ell}}}$$

établie en remarquant que : $ds = \theta r l$, que $\theta r = \dfrac{F}{G}$ d'où : $F = G \dfrac{ds}{\ell}$

Mais avant d'adopter les dimensions ainsi déterminées, il faudra s'assurer qu'elles répondent à des valeurs de (F) égales au plus, aux efforts limites que l'on peut faire subir à la matière composant l'arbre.

———————

Résistance d'un cylindre
dans le cas
de torsion et de flexion simultanées.

————

Le théorème général de la superposition des effets des forces donne la solution de ce problème. Voici comment Mr Belanger la formule dans sa théorie de la Résistance de la torsion et de la flexion plane des solides :

« Lorsqu'un prisme est simplement « tordu par des forces équivalentes à un « couple, nous savons déterminer ses dimen- « -sions transversales de manière que la « force F par unité de surface, résistant « au glissement transversal des points les « plus éloignés de l'axe de torsion ou axe « moyen, n'ait pas à excéder une limite « donnée, qui a été déduite d'expériences « faites sur la même substance, dans des « circonstances analogues.

« Nous venons de voir que si le « prisme subit seulement une flexion plane, « la détermination des dimensions nécessaires « se résoud par la considération des forces « élastiques longitudinales (R) aux mêmes « points les plus éloignés de l'axe moyen.

Or, il arrive fréquemment dans les machines
qu'un arbre cylindrique subit simultanément les deux
déformations dues à la torsion et à la flexion. Dans ce
cas, une règle fort simple et qui doit suffire pour la
pratique, serait de calculer, en fonction du rayon
inconnu du cylindre et des forces connues, d'abord la
force de glissement (F) par unité de surface, due à la
torsion, puis la tension R', aussi par unité de surface,
due à la flexion, et de s'imposer la condition que
la résultante :

$$\sqrt{F\frac{2}{4}R'^2}$$

de ces deux forces rectangulaires n'excède pas la
limite qu'on se donne quand le corps ne subit qu'une
des deux déformations. Pour le fer forgé, par
exemple, cette limite serait au plus de six Kil.
par millimètre carré ; nous disons au plus
par la raison qu'une pièce tournante, fléchie
alternativement dans les deux sens, est plus
exposée à l'altération de son élasticité qu'une
pièce toujours fléchie du même côté, comme dans
les constructions sensiblement immobiles.

Supposons comme application à cette théorie,
qu'il s'agisse de déterminer le diamètre qu'il faut
donner à un arbre commandé par bielle et manivelle
portant un volant et une roue d'engrenage dont les
poids sont donnés.

Supposons la réaction de la roue conduite contre

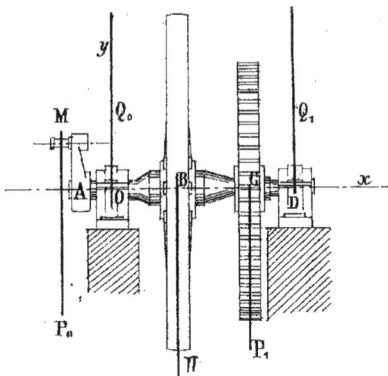

Π = Poids du volant.
P_0 = Pression ou tension sur la manivelle
P_1 = Poids de la roue d'Engrenage

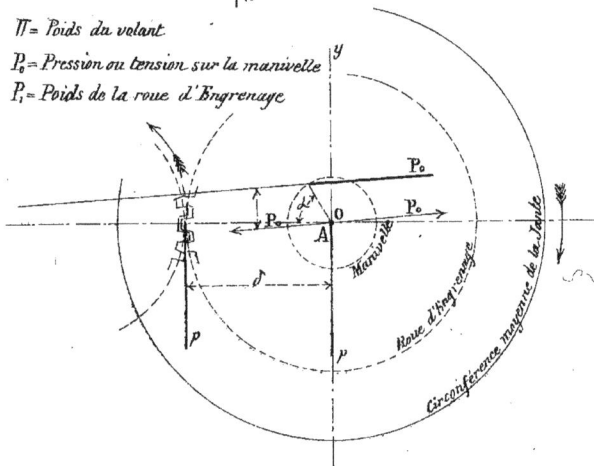

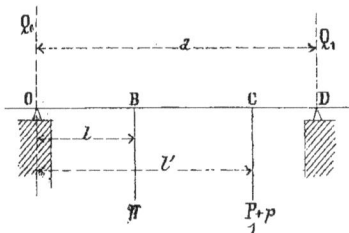

la roue d'engrenage constante, verticale, dirigée de haut en bas, et égale à (p). Nous ne changerons rien à l'état de mouvement de l'arbre en substituant à cette réaction un couple (pd), et une force égale et parallèle passant par l'axe de l'arbre. Considérons de même la position de la manivelle pour laquelle le moment de l'action exercée par la bielle sur l'arbre est maximum. Cette action peut se remplacer par un couple $\mathcal{P}.r\left(\sin\alpha + \dfrac{\sin 2\alpha}{2m}\right)$ et par une force parallèle et égale à $(\mathcal{P})$ passant par l'axe de l'arbre.

Pour déterminer les dimensions à donner à l'arbre il faut donc l'assimiler à un solide placé simultanément dans les trois conditions de résistance que nous examinons plus bas, et chercher la plus grande valeur de la résultante des efforts exercés sur l'un de ses éléments quelconques dans ces divers cas.

Dans le premier cas, l'arbre est assimilé à un solide reposant sur deux appuis de niveau et soumis à l'action de deux forces transversales dans un même plan vertical, qui sont $(P_1 + p)$ et Π.

Dans le second cas il est assimilé à un solide soumis à l'action de deux couples de torsion :
$$\left[\mathcal{P}.r\left(\sin\alpha + \dfrac{\sin 2\alpha}{2m}\right) \text{ et } p.\delta \right]$$
à une distance l'un de l'autre égale à celle qui sépare la manivelle de la roue d'engrenage.

Dans le troisième cas, enfin, l'arbre est assimilé à un solide reposant sur deux appuis de niveau et soumis à l'une de ses extrémités, en dehors de l'appui, à l'action d'une force transversale $(\mathcal{P}_0)$, généralement très peu inclinée sur l'horizontale.

Cette dernière force est toujours faible lorsqu'on la compare aux forces verticales (Π) et $(P_1 + p)$, de plus les plus grandes tensions auxquelles elle donne naissance ont lieu dans une région de l'arbre très peu fatiguée du fait de la flexion produite par les charges verticales; on peut donc se contenter de considérer la résultante des actions produites sur les éléments de l'arbre par la torsion et la flexion dues aux forces verticales seulement. Le plus grand moment fléchissant dû à ces dernières a lieu au point d'application de l'une des charges verticales considérées, généralement à celui du poids du volant, nous pouvons admettre, sans erreur sensible, que le plus grand couple de torsion a, jusqu'à la roue d'engrenage, pour valeur le plus grand moment de l'action exercée par la bielle sur la manivelle; les dimensions à donner à l'arbre résulteront donc de la relation:

$$R = \sqrt{F^2 + \left(\frac{\nu\mu}{I}\right)^2}$$

lorsqu'on y remplacera (F) et (μ) par leurs valeurs dans la section la plus fatiguée; Admettons $R = 6 \times 10^6$. Si l'arbre est circulaire, et si nous représentons par (μ_m) le plus grand moment fléchissant dû aux forces verticales dans la région de l'arbre soumis à l'action du couple de torsion, on déduira le plus grand diamètre de cette région de la relation.

$$6 \times 10^6 = \frac{16}{\pi d^3} \sqrt{(M\mathcal{P})^2 + 4(\overline{\mu_m})^2}$$

obtenue en remplaçant (F) par $\left(\frac{16 M\mathcal{P}}{\pi d^3}\right)$ et $\left(\frac{\nu\mu_m}{I}\right)$ par $\left(\frac{32 \mu_m}{\pi d^3}\right)$

La même formule pourra servir au calcul du diamètre à donner aux sections intermédiaires en y remplaçant (μ_m) par le moment fléchissant dans cette section.

Tourillons des arbres de transmission.

Les tourillons, lorsqu'ils terminent un arbre, ne sont soumis qu'aux réactions exercées contre eux par les coussinets des paliers contre lesquels ils sont appuyés, par leurs poids, par celui de l'arbre et des organes qu'il supporte, et par les efforts exercés par les courroies et les dents engrénées contre ces organes. Lorsqu'ils ne terminent pas un arbre, mais qu'ils sont suivis par une autre portion d'arbre, ou par une portée cylindrique sur laquelle on cale une manivelle, ils peuvent avoir à résister, en outre des réactions provenant des coussinets à des efforts de torsion dûs aux organes qui actionnent les pièces montées sur ces parties cylindriques. Les dimensions à leur donner dépendent de ces diverses forces et de deux conditions d'établissement d'une très-grande importance qui s'énoncent comme suit:

Les tourillons doivent être graissés convenable-ment pour résister à l'usure que produirait le frottement direct des métaux, et pour diminuer le travail perdu du fait de ce frottement. L'interposition des matières grasses entre les parties frottantes des machines doit donc produire deux résultats qui sont solidaires l'un de l'autre, diminuer le travail perdu en frottements et assurer la conser-vation des parties frottantes. Pour que ce double résultat soit atteint il faut que les graisses puissent rester

entre les parties en contact et qu'elles y conservent leurs
propriétés physiques. Elles ne restent entre les surfaces
en contact que si les pressions mutuelles entre ces surfaces
ne sont pas tellement élevées que les corps lubréfiants
soient expulsés, et elles n'y conservent leurs propriétés
physiques que si la chaleur développée par le travail du
frottement n'élève pas la température du milieu dans
lequel elles se trouvent à un degré qui puisse
les décomposer.

Examinons successivement ces deux conditions
et établissons les relations auxquelles elles donnent lieu
entre les dimensions des tourillons et les forces qui agissent sur eux. Supposons tout d'abord que le tourillon
termine un arbre.

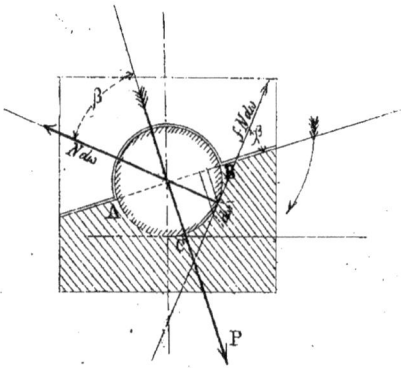

Les réactions qu'il
subit de la part du
coussinet ont pour
équivalentes une force
unique, égale et directe-
ment opposée à la
résultante de translation,
passant par le milieu
de l'axe du tourillon,
et un couple provenants
du frottement des surfaces
en contact. La réaction du coussinet s'exerce toujours
sur la surface demi-cylindrique perpendiculaire à la
direction de la force unique de translation qui agit

sur le tourillon. Il y a plus, par unité de surface, ces pressions ont même valeur aux divers points du coussinet. En effet, si un point de cette surface demi-cylindrique supportait une pression plus élevée que les autres, il s'y produirait une usure qui aurait pour conséquence de diminuer la charge qu'il supporte ; inversement un point moins chargé que les autres, s'usant moins, deviendra peu-à-peu plus chargé. La première consé-quence du frottement mutuel d'un arbre sur son coussi-net est donc de les roder l'un sur l'autre de manière à faire naître l'uniformité des pressions mutuelles et à les répartir sur la demi-circonférence perpendicu-laire à la résultante de translation (P) ; il faut donc, lorsque cette pression n'est pas verticale, couper le coussinet suivant un diamètre perpendiculaire à la direction de cette force.

Entre les composantes normales des réactions du coussinet contre le tourillon, dont nous représentons la valeur rapportée à l'unité de surface, par (N), le diamètre (d) de ce tourillon, sa longueur (l), et la pression (P) on a la relation :

$$P = \Sigma\, N d\omega \cos\beta = N \Sigma\, d\omega \cos\beta = N.l.d$$

d'où :
$$N = \frac{P}{l+d} \qquad\qquad (1)$$

L'expérience peut seule déterminer la valeur que le facteur N ne doit pas dépasser pour que les corps lubréfiants interposés entre les surfaces en contact ne soient pas expulsés. On a trouvé que cette pression ne doit pas dépasser (15 Kil) par centimètre carré dans le cas de graisse, cette pression peut atteindre (20 Kil) par centimètre carré, lorsque le graissage se fait à l'huile, et elle ne doit pas dépasser (10 Kil) lorsqu'il se fait à l'eau. Dans le cas d'assemblage de bielle et manivelle, les coussinets étant en bronze et les tourillons en fer ; cette pression peut atteindre, dans le cas du graissage à l'huile, la limite de (40 K) par centimètre carré ; lorsque le tourillon est en acier, cette pression peut atteindre (60 Kil). Ces chiffres s'expliquent en remarquant que l'effort de la bielle ayant lieu tantôt dans un sens, tantôt dans un autre, l'huile passe d'un côté à l'autre à la faveur du petit jeu qui doit toujours exister dans l'articulation.

La relation relative à la chaleur développée par le travail du frottement s'établit en remarquant que cette chaleur devant être dispersée par la conductibilité et le rayonnement des pièces frottantes ; sous un excédant de température qui a été reconnu ne pas devoir dépasser 45°., il faut que la longueur de ces pièces et par suite la surface qui rayonne, soient proportionnelles au travail total développé par le frottement des corps en contact.

L'expérience

L'expérience [*] apprend que la température limite indiquée n'est pas dépassée toutes les fois que le travail du frottement par unité de surface est au plus égal à 15,000 Kilogrammètres. Exprimons cette condition.

Le travail dû au frottement a pour expression, lorsqu'il est rapporté à l'unité de surface :

$$T_f = f N_v .$$

Et comme (v), vitesse à la surface du tourillon, est exprimée en fonction du nombre de tours (n) fait par l'arbre dans une minute, par la relation :

$$v = \frac{\pi\, d \times n}{60}$$

*

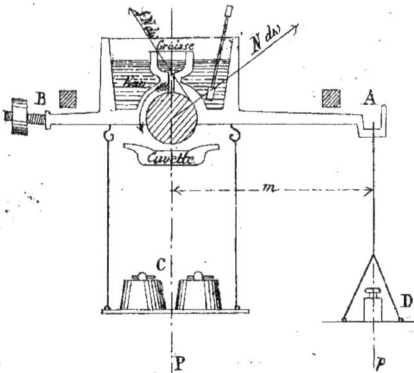

d = diamètre de l'arbre
l = longueur du coussinet
n = nombre de tours de l'arbre par minute

L'appareil d'essai peut être ainsi composé :

Un coussinet porte deux leviers A et B. En B un contrepoids mobile équilibre le plateau D placé en (A) et permet d'amener le centre de gravité du système au repos à passer par l'axe du tourillon. Soit (F) le poids de tout le système, en y comprenant les plateaux D et C ainsi que la charge sur ce dernier.

Le mouvement étant donné à l'arbre, on charge le plateau (D) d'un poids (p) tel, que le coussinet et ses leviers restent dans la position horizontale et ne touchent ni le buttoir du côté (A) ni celui du côté B. Exprimons que le système formé par le coussinet et ses accessoires est en équilibre.

on en déduit, pour formule donnant le travail du frottement par unité de surface :

$$T_f = f N \times \frac{\pi \times d \times n}{60} = \frac{f \times \pi \times n \times P}{60 \times \ell}$$

La condition relative à la chaleur développée peut donc s'écrire :

$$\frac{f \cdot \pi \cdot n \times P}{60 \times \ell} = \; < 15000^{k.m.} \quad d'où : f = \; > 0.0000034 \times f \times n \times P . ^{*} (2)$$

L'expression de la condition relative à l'échauffement est indépendante du diamètre. Ce fait s'explique en remarquant que si la pression par unité de surface est

---

La projection des forces sur un axe vertical donne :

$$(P + p) = N \times d \times L \qquad (1)$$

La somme des moments des forces autour de l'axe du tourillon conduit à la relation :

$$p \, m = f N \frac{\pi d^2}{4} L \qquad (2)$$

Et l'expression du travail de frottement par unité de surface :

$$T_f = f . N . v = f N \frac{\pi . d . n}{60}$$

devient, lorsqu'on y remplace (N) par sa valeur tirée de l'équation (1) :

$$T_f = \frac{f \times \pi \times n \times (P+p)}{60 \, L} \qquad (3)$$

On peut donc, lorsque la température reste stationnaire et que l'huile recueillie dans la cuvette ne contient plus de limaille, exprimer en fonction des données : la pression limite qu'il ne faut pas dépasser, le coefficient de frottement qui se rapporte au système de graissage adopté, et le travail du frottement limite par unité de surface. Ces trois facteurs sont données par les relations ci-dessous :

$$N = \frac{(P+p)}{d+\ell} \qquad\qquad f = \frac{4 \times p \times m}{\pi (P+p) \, d} \qquad et \quad T_f = \frac{p . m . n}{15 \times \ell \times d} .$$

en raison inverse du diamètre, la vitesse, elle, est proportionnelle à ce facteur. La longueur à donner au tourillon dépend
du coëfficient de frottement, lequel dépend des matières lubri-
fiantes. On peut, dans les calculs donner à ce
coëfficient les valeurs suivantes :

Pour des tourillons en fer tournant dans des coussinets en bronze

graissés à l'huile : $f = 0.05$

" " " " d°. au cambouis d'huile : $f = 0.09$

" " " " d°. à l'eau et à la graisse : $f = 0.19$

" " " " d°. à l'eau seules : $f = 0.25$

Les équations (1) et (2) ne peuvent pas déterminer
seules les dimensions qu'il faut donner aux tourillons ; car
il faut qu'elles satisfassent également aux conditions relatives
à la résistance. Les formules qui expriment ces conditions
se partagent en deux classes, suivant que le tourillon
n'a à résister qu'à la flexion, ou suivant qu'il a à
résister simultanément à la flexion et à la torsion.

Si nous considérons le
cas d'un arbre actionné à
une extrémité par bielle et
manivelle et supportant dans
l'intervalle des deux paliers
un volant et une roue d'en-
-grenage transmettant à
un autre arbre le travail
communiqué à celui que nous

considérons, on aura le tourillon extrême (B) qui n'aura à
résister qu'à un effort de flexion produit par la résultante

des réactions du coussinet, résultante que nous représentons par $\mathcal{P}$, et le tourillon, du côté de la manivelle, qui aura à résister simultanément à un effort de flexion et à un effort de torsion. Ce dernier se calculera par la formule :

$$R' = \frac{16}{\pi d^3}\sqrt{(\mathcal{MP})^2 + 4\,(\mu_m)^2}$$

Quant au premier il se calculera par la relation :

$$R = \frac{v\mu}{I} = \frac{v.\mathcal{P}\times\ell}{2\,I} = \frac{5.095\,\mathcal{P}\ell}{d^3}$$

de laquelle on déduit :

$$d = 1.72\sqrt[3]{\frac{\mathcal{P}\times\ell}{R}} \qquad\qquad (3)$$

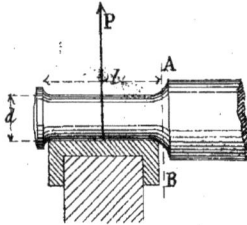

On obtient donc trois relations pour calculer, dans chacun des cas qui peuvent se présenter, les deux dimensions qu'il faut donner au tourillon. Voici comment on les détermine. On s'impose la condition que la fatigue de la matière ne dépasse pas la limite (R) qui se rapporte à la substance considérée, et que la plus grande pression entre les surfaces en contact ne dépasse pas celle qui se rapporte au système de graissage adopté. Les équations (1) et (3) déterminent alors ces dimensions que l'on n'adopte que si elles satisfont à l'inégalité (2). Si cette inégalité n'était pas satisfaite on les déterminerait en déduisant la longueur à donner au tourillon de l'égalité (2) et en remplaçant dans l'équation (3) la longueur (L) par cette valeur.

Lorsque le tourillon n'a à résister qu'à un effort de flexion ses dimensions se déduisent donc des relations:

$$d^3 = \frac{5.095 \times P \times l}{R} \qquad et \qquad d \times l = \frac{P}{N}$$

à la condition qu'elles satisfassent à l'inégalité:

$$l = > 0.0000034 \times f \times n \times P$$

Des deux premières on déduit:

$$d = \sqrt[4]{\frac{5.095\, P^2}{N\,R}} \qquad l = \sqrt[4]{\frac{P^2\,R}{5.095\, N^3}}$$

et par suite

$$\frac{l}{d} = \sqrt{\frac{R}{5.095\, N}}$$

Prenons $N = 150\,000$ et supposons le tourillon en fer. On trouve en appliquant cette dernière formule:

Cas où $R = 4 \times 10^6$ $l = 2.28 \times d$

Si le graissage se faisant à l'huile, on avait pris ($N = 200\,000$) on aurait trouvé:

$$l = 1.97 \times d$$

Et si le graissage se faisant à l'huile, le tourillon était en acier, que (R) soit pris égal à 8×10^6, on aurait:

$$l = 2.77 \times d$$

Pivot.

Le pivot est généralement rapporté à l'extrémité de l'arbre par un emmanchement que traverse une clavette, et son extrémité inférieure repose sur un disque en acier placé dans une boîte en bronze qui se trouve dans un support en fonte. Des vis à pression latérale permettent de centrer la boîte. Le mouvement des huiles est continu et leur renouvellement assuré entre la crapaudine et le pivot par des canaux perpendiculaires entre ceux qui traversent ce dernier de part en part.

Soit (d) le diamètre du pivot, et (P) la pression totale qu'il exerce sur le disque en acier.

Pour que les huiles séjournent entre les surfaces en contact, il faut que :

$$\left(\frac{P}{\frac{\pi d^2}{4}} = < N \right)$$

et pour qu'elles ne s'altèrent pas, il faut que le plus grand travail de frottement rapporté à l'unité de surface ne dépasse pas 15000 ^{Km} par seconde. Ce travail dont l'expression est ($f N + v$), est maximum au pourtour de la circonférence extrême ; il

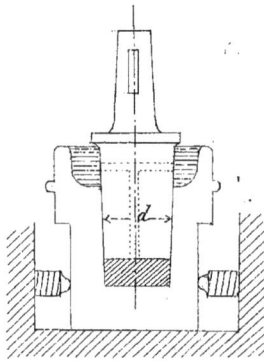

(n) tours par minute

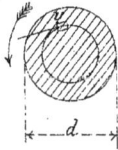

faut donc que :

$$\left(f\,\frac{P}{\frac{\pi d^2}{4}} \times \frac{\pi\,d \times n}{60} = \frac{f.\,n.\,P}{15 \times d} \right) = < 15,000$$

Au point de vue de la résistance des matériaux, il ne faut pas que la compression rapportée à l'unité de surface, dans le pivot, dépasse une limite donnée. Mais comme cette limite est toujours bien supérieure à celle qui répond à la condition que les matières lubréfiantes ne soient pas expulsées, nous voyons que le calcul de ce diamètre résulte des deux relations :

$$d = > \sqrt{\frac{4\,P}{\pi\,N}} \qquad \text{et} \qquad d = > \frac{f.\,n.\,P}{225000}$$

C'est évidemment la plus grande des deux valeurs qu'il faudra adopter.

Des Manivelles.

On nomme ainsi des pièces, dans un plan per-

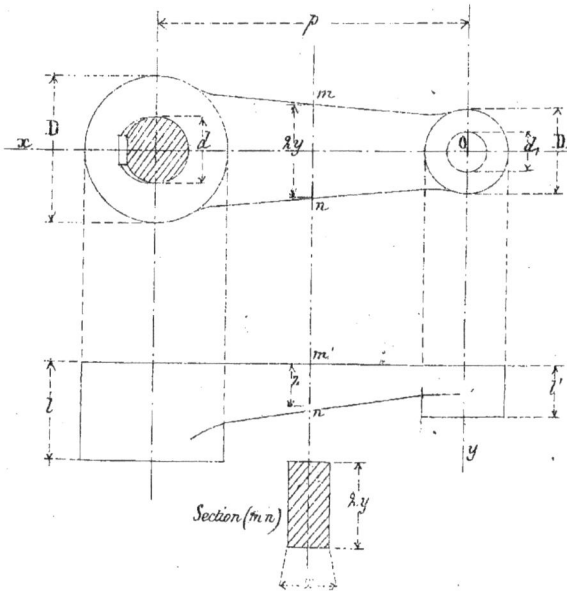

Section (m n)

-pendiculaire à l'axe d'un arbre tournant, servant à déterminer son mouve- -ment de rotation lors- -qu'on agit à leur extré -mité, soit avec la main, soit à l'aide de bielle articulée à ces pièces.

On les fait aujourd'hui exclusivement en fer, ce n'est donc que de ces manivelles que nous nous occuperons ici.

Dans les ateliers on établit entre les dimensions indiquées dans la figure, les relations empiriques suivantes :

$$D = 1.8 \text{ à } 2.2 \, d \; , \quad \ell = 1.2 \times d \; , \quad D' = 1.8 \text{ à } 2.2 \, d' \quad \text{et} \quad \ell' = 1.2 \times d'.$$

Pour déterminer complètement les dimensions qu'il faut donner aux diverses parties des manivelles, il suffit donc de connaître (d), (d') et la partie de cet organe qui relie la tête au moyeu. Or, le diamètre de l'arbre est toujours donné par des considérations étrangères à la question qui nous occupe, nous n'avons à déterminer que le diamètre du maneton et les dimensions du corps de la manivelle. Mais la théorie permet de faire davantage, elle donne également le moyen de vérifier s'il n'y a pas lieu d'augmenter les quantités : D, ℓ, D' et ℓ'.

Dimensions à donner au maneton.

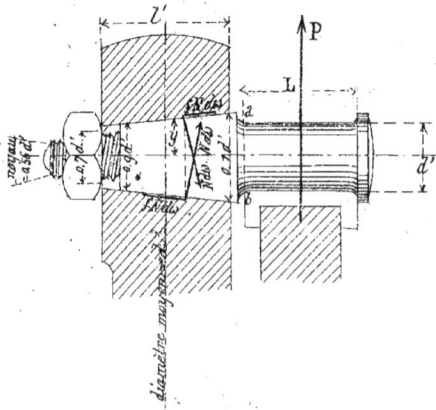

Supposons la disposition de maneton indiquée dans le croquis ci-contre, et cherchons les dimensions à donner au tourillon, ainsi qu'à la partie du du maneton engagée dans le corps de la manivelle.

Le tourillon peut être assimilé à un solide encastré à l'une de ses extrémités et soumis à l'action d'une charge uniformément répartie sur toute la longueur du coussinet appuyé contre lui. La résultante (P) de cette charge uniformément répartie est égale à la pression totale exercée par la bielle contre la manivelle, la section la plus fatiguée est la section d'encastrement pour laquelle la valeur du moment fléchissant est : $\left(\mu_m = \dfrac{PL}{2} \right)$; on a donc pour première relation entre (P) et les dimensions du tourillon :

$$d' = 1.72 \sqrt[3]{\frac{PL}{R}} \qquad (1)$$

La seconde relation résume les conditions relatives au graissage lesquelles se réduisent, dans le cas présent, à l'unique condition que la pression par unité de surface ne dépasse pas une limite (N) déter-minée expérimentalement dans chaque cas particulier.

On peut donc écrire :

$$d' \times L = \frac{P}{N} \qquad (2)$$

Si l'on adopte pour valeur moyenne de (N) le chiffre (500,000), on trouve pour expression de (d') et de (L), dans le cas où le maneton est en un fer de très bonne qualité pour lequel on peut prendre R = 5 × 10⁶,

$$d' = 0.00195 \sqrt{P} \qquad L = 0.00167 \sqrt{P} \qquad L = 1.48 \times d'.$$

Si le maneton était en un acier pour lequel on put prendre $(R = 10 \times 10^6)$ on aurait :

$$d' = 0.001 \sqrt{F} \qquad L = 0.002 \sqrt{F} \qquad L = 2\, d'.$$

Indiquons maintenant comment on détermine les dimensions qu'il faut donner à la partie encastrée dans le corps de la manivelle.

Il faut, pour l'équilibre, que le moment des actions exercées contre la queue du maneton, soit au moins égal à la valeur du moment fléchissant dans la section d'encastrement $(2b)$. On doit donc avoir :

$$\iint N\,dw.y = \mu_m \qquad \text{d'où sensiblement} \quad \mu_m = f N \ell' d'^2 \qquad (d)$$

Il faut, de plus, que l'écrou exerce une traction égale à :

$$Q = \frac{\pi}{4}\left((1.1\, d'^2) - (0.9\, d'^2)\right) N = 0.1 \times \pi \times d'^2 \times N$$

Le noyau de la partie filetée ayant pour diamètre $(0.56 \times d')$, on a :

$$Q = \frac{\pi \times (0.56)^2 d'^2}{4} R' = 0.3136 \frac{\pi d'^2}{4} R'$$

On peut donc écrire pour relation entre (N) et l'effort d'extension par unité de surface (R') auquel on soumet le noyau de la partie filetée :

$$N = 0.78\, R'$$

Enfin, substituant à (N) et (μ_m) leurs valeurs dans l'équation (d) il vient :

$$\ell' = \frac{P L}{1.56 \times f \times R' \times d'^2}$$

Si (R), plus grande tension des fibres du maneton est égal à (5×10^6), et si (R') est égal à (4×10^6) on a :

$$\ell' = \frac{L}{8.11 \times f}$$

On peut prendre pour valeur du coëfficient de frottement $(f = 0.15)$; il vient donc :

$$\ell' = \frac{L}{1.216} = \frac{1.48\, d'}{1.216} = 1.22 \times d'$$

Corps de la manivelle :

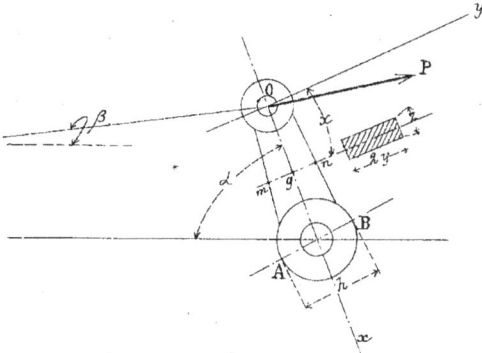

La manivelle occupant une situation angulaire quelconque (α) on peut assimiler la partie qui réunit la tête au moyeu à un solide encastré à l'une de ses extrémités, et soumis à son autre extrémité à l'action d'une force (P) dont nous représentons la composante normale à l'axe du corps de la manivelle par (P_y) et celle suivant cet axe par (P_x).

À cette situation angulaire correspond, pour une section quelconque (mn), un moment fléchissant $(P_y \times x)$ et un effort d'extension longitudinal égal à (P_x); la plus grande fatigue des fibres extrêmes de cette section est donc :

$$R = \frac{\nu \mu}{I} + \frac{N}{\Omega} = \frac{3 P_y \times x}{2 y^3} + \frac{P_x}{2 y^2}$$

si l'on admet pour relation entre (y) et (z) celle ($z = y$). En calculant, dans chaque section la valeur (y) qui répond à diverses inclinaisons (α), on trouve sans difficulté aucune les dimensions que doit avoir la section et par suite le profil qu'il faut donner au corps de la manivelle. Lorsque la machine est sans détente et que le rapport de la bielle au rayon de la manivelle est grand, on peut admettre que la position la plus défavorable occupée par celle-ci, répond à une inclinaison ($\alpha = 90°$). En cherchant le profil qu'il faut donner au corps de la manivelle pour que les plus grands efforts d'extension et de compression ne dépassent pas, dans ce cas, une limite donnée (R), on trouve un profil parabolique qu'on ne peut conserver que jusqu'à la section répondant à un effort tranchant moyen $\left[\left(\frac{P}{2 y z}\right)\right.$ égal à $\left.\frac{2}{9} R\right)\right]$. Dans les applications on préfère substituer à ce tracé un profil, beaucoup plus simple à forger, que l'on obtient en calculant la section passant par l'axe de l'arbre pour résister à la flexion, puis celle passant par l'axe du maneton pour résister à l'effort tranchant, et en réunissant les profils ainsi obtenus par des génératrices rectilignes partageant leurs contours en un même nombre de parties égales. Les sections extrêmes résultent alors des formules.

$$R = \frac{3 F p}{2 y^3} \qquad \text{et} \qquad R = \frac{3 P}{4 y^2}$$

Lorsque la machine est à détente, on peut admettre que la position la plus défavorable occupée par la manivelle répond à l'angle(δ_0) de marche à pleine pression. Néanmoins, comme il peut arriver qu'au moment de la mise en marche de la machine on introduise la vapeur à pleine pression pendant la plus grande partie de la course, il sera prudent, dans ce cas, de calculer les dimensions du corps de la manivelle en opérant comme nous venons de le faire pour l'hypothèse de la marche à pleine pression.

La manivelle n'a pas à résister seulement à l'effort (P) situé dans son plan de flexion, elle a encore à résister à l'action d'un couple produisant une flexion dans un sens normal à ce plan, et provenant de la substitution à la forge (P), passant par le milieu de la longueur du tourillon, d'une force égale et parallèle située dans le plan de flexion du corps de la manivelle. Il sera donc prudent, avant d'adopter les dimensions trouvées par la méthode de calcul que nous venons d'indiquer, de s'assurer qu'elles sont suffisantes pour résister à l'action du couple que nous venons de définir.

Du Moyeu.

La manivelle est fixée à l'arbre de deux manières: soit par une clavette, soit en emmanchant la manivelle sur l'extrémité de l'arbre, supposé légèrement conique, au moyen de la presse hydraulique.

Dans le premier cas, on détermine les dimensions du moyeu pour qu'il résiste à une tension résultant d'un serrage de clavette tel, que le moment des composantes de frottement dues aux pressions qui existent au contact de la surface demi cylindrique de l'arbre et du moyeu, soit au moins égal à celui du plus grand moment exercé par la bielle sur la manivelle.

(N) étant la pression par unité de surface qui se développe au contact de ces corps, on a, dans le cas de l'égalité des moments :

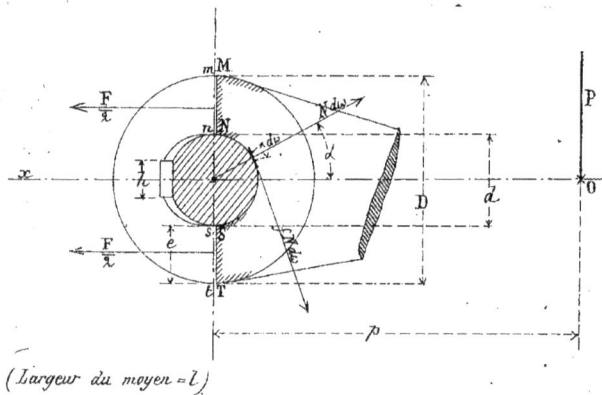

(Largeur du moyeu = l)

$$\int\!\int N d\omega \times \frac{d}{2} = F_p.$$

d'où :

$$N = \frac{F_p}{f \frac{\pi d^2}{4}} \quad (I)$$

La tension totale (F), à laquelle le moyeu est soumis, étant égale à :

$$F = N. l. d \ = \frac{4 F_p}{f \pi d}$$

On déduit de cette égalité pour relation entre le diamètre D, la largeur (l) du moyeu, l'effort d'exten-sion (R) auquel on peut soumettre la matière qui le compose, et la force (P) qui agit à l'extrémité de la manivelle :

$$(D-d)\,\ell\,R = \frac{4\,P_p}{f\,\pi\,d} \qquad\qquad (2)$$

Les équations (1) et (2) permettent de vérifier si les règles empiriques données pour déterminer les dimensions du moyeu ne correspondent pas à des fatigues de la matière dépassant les limites admises. Lorsque cette circonstance se présente on calcule ces dimensions en prenant $(N = 3 \times 10^6)$.

Quant à la clavette elle a à résister à une compression égale à (F), ses dimensions résultent donc de la relation :

$$b \times \ell + R' = \frac{4\,P_p}{f\,\pi\,d} = (D-d)\,\ell\,R$$

d'où :
$$b = \frac{(D-d)\,R}{R'}$$

Or (b) ne peut pas être égal à $(D-d)$, aussi la fait-on en acier, et s'impose-t-on la condition que (R), la plus grande tension dans le moyeu, ne dépasse pas la limite de (3×10^6) que nous avons indiquée. Dans ces conditions, et en prenant pour R', (8×10^6), on a :

$$b = \frac{3}{8}\,(D-d)$$

Lorsque l'emmanchement de la manivelle sur l'arbre se fait à la presse hydraulique, on obtient, en représentant par (N) la plus grande pression entre les éléments en contact, pour relations entre N, le moment (P_p) et l'effet d'emmanchement Q :

$$P_p < \left[\Sigma f N \, d\omega \, \frac{d}{2} = f N \, \frac{d}{2} \, \pi\, d\,\ell = f N \, \frac{\pi\, d^2\,\ell}{2} \right]$$

$$Q = \gtrless \left[\int N \Sigma \, d\omega = f . N . \pi . d . \ell \right]$$

Dans le cas de l'égalité on a donc pour expression de N et de Q :

$$N = \frac{2 P_p}{f . \pi . d^2 \ell}$$

Et : $Q = \dfrac{2 P_p}{d}$

La valeur de N permet de s'assurer si la longueur donnée au moyeu par les formules empiriques est suffisante ; quant à celle de (Q), elle donne la plus petite valeur de la pression que la presse hydraulique doit exercer contre la manivelle pour l'emmancher sur l'arbre.

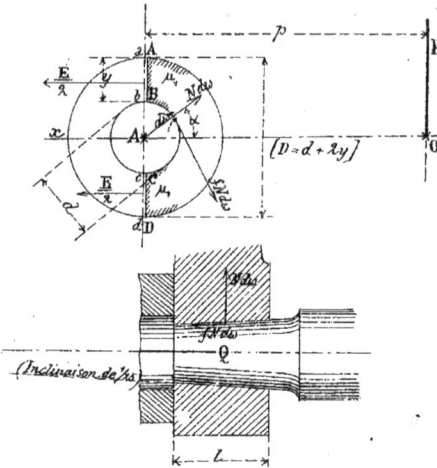

La quantité $(N \ell)$ calculée, on vérifie que l'épaisseur donnée au moyeu est suffisante, en écrivant que la portion de manivelle $ABCDO$ ne peut être en équilibre, dans le cas où l'on néglige les influences dues à la pesanteur, et à l'état de mouvement du système, que si les actions exercées contre les sections AB et CD, par la portion de manivelle située à gauche du plan AD, ont pour équivalentes un couple (μ) et une force unique $(\frac{F}{2})$ dont les valeurs résultent des relations :

$$F = N \int_C^B d\omega \cos = N . d . \ell = \frac{2 . P_p}{f . \pi . d}$$

$$Et \quad 2\mu_1 = P_p - fN \int_C^B d\omega \frac{d}{2} = P_p - fN \frac{\pi d^2}{4} \ell = \frac{1}{2}(P_p)$$

Chacune des sections AB, CD aura donc à résister à un effort d'extension égal à $\left[\frac{F}{2} = \frac{P_p}{f.\pi.d}\right]$, et à l'action d'un couple égal à $\left(\frac{P_p}{h}\right)$. Si (y) est l'épaisseur inconnue qu'il faut donner à la section du moyeu, elle résultera donc de la relation :

$$R = \left(\frac{\frac{y}{2} \times \frac{P_p}{h}}{\frac{\ell \cdot y^3}{12}} + \frac{F p}{f.\pi.d \times y \ell}\right) = \frac{P_p}{\ell}\left[\frac{3}{2 \times y^2} + \frac{1}{f \times \pi \times d \times y}\right]$$

Si l'on voulait tenir compte de l'état de mouvement, il suffirait d'ajouter les forces d'inertie aux forces extérieures que nous venons de considérer comme nécessaires pour assurer l'équilibre de la portion de manivelle ABCDO, supposée occuper la position la plus défavorable à la résistance.

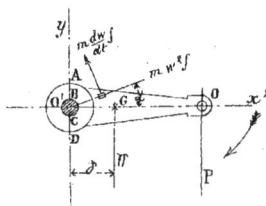

π = poids de portion de manivelle ABCDO

G = C. de gravité de cette portion de manivelle

La tension totale (F) serait alors augmentée de $(\Sigma m.\omega^2 \int l \cos\alpha = \Sigma m.\omega^2.x^1)$, c'est-à-dire, de ω^2 [moment, p.v. au plan o'y, de la portion de manivelle considérée]; quant au moment fléchissant μ, dans chaque section, il serait augmenté de $\frac{1}{2}(\pi\delta\int_{Bc}^o m\frac{d\omega}{dt}\rho^2 = \pi\delta\frac{d\omega}{dt}\int_{BC}^o m.\rho^2)$. La valeur de $\frac{d\omega}{dt}$ la plus défavorable à la résistance étant toujours déterminée dans les divers cas que l'on peut avoir à considérer, on a tous les éléments nécessaires au calcul des dimensions à donner au moyeu.

Généralement on emmanche la manivelle sur l'arbre sous une pression double de celle que nous avons calculée. Il en résulte alors que (N) est égal à $\left(\frac{4Pp}{f\pi d^2 \ell}\right)$. Dans ce cas, l'effort d'extension dans les sections A B, CD est le double de celui considéré dans les calculs que nous venons d'exposer, le moment fléchissant dans ces sections est nul, et les dimensions à donner au moyeu sont, identiques à celles trouvées dans l'hypothèse de l'assemblage par clavette.

Enfin, si l'on se donnait, à priori, un effort d'emmanchement (Q) sensiblement supérieur à celui que nous venons de considérer en dernier-lieu, on aurait : $\left(N = \frac{Q}{f\pi d \ell}\right)$ et l'épaisseur à donner aux sections A B, CD, serait celle nécessaire pour résister à une tension totale donnée par la formule :

$$F = N \times d \times \ell = \frac{Q}{f \times \pi}$$

Cette épaisseur (y) aurait donc pour expression :

$$y = \frac{Q}{2.\pi.f.\ell.R}$$

Résistance à la compression.

Les formules $\left[R = \frac{N}{\Omega}\right]$ et $\left[\frac{N}{\Omega} = Ei\right]$, qui se rapportent à la solution des problèmes relatifs à l'extension simple, ne s'appliquent aux pièces soumises à un effort de compression dirigé suivant l'axe, que si ces pièces satisfont à la double condition, que le rapport de leur lon-gueur à leur plus petite dimension ne dépasse pas les nombres (5 ou 6), et que l'effort de compression rapporté à l'unité de surface auquel on soumet la matière, ne dépasse pas la limite de charge qu'elle peut supporter en toute sécurité. La première de ces deux conditions n'est remplie que dans des cas exceptionnels, générale-ment le rapport entre la longueur et la petite dimen-sion dépasse de beaucoup la limite indiquée; les pièces comprimées sont donc exposées à fléchir, soit qu'une cause accidentelle produise ce phénomène, soit qu'il prenne naissance parce que l'axe de la pièce n'aura pas été parfaitement rectiligne avant l'action de la charge.

L'étude des conditions de résistance des pièces chargées debout montre l'influence que le rapport de la longueur de la pièce à la plus petite dimension de la section transversale exerce sur les conditions de résistance du système. Quoique incomplète, dans le cas d'un pris-me chargé suivant sa ligne moyenne, elle permet cepen-dant de poser des règles précieuses à suivre dans bien des cas.

Lorsqu'on considère une pièce de section constante, articulée à l'une de ses extrémités (O) et assujettie, à l'autre extrémité, à rester sur

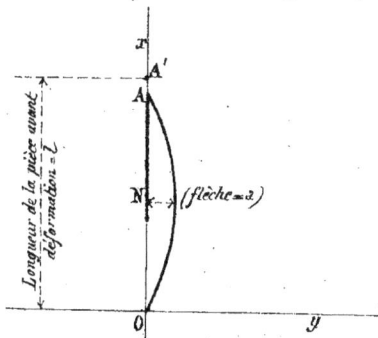

la verticale (oA), on trouve que la force nécessaire pour maintenir la flexion, qu'une cause accidentelle a fait naître, a pour expression :

$$N = \frac{\pi^2 E I}{\ell^2} \qquad (1)$$

I étant le moment d'inertie de la section par rapport à un axe passant par son centre de gravité, et perpendiculaire au plan de flexion. La même théorie donne pour équation de la fibre moyenne affectée par la pièce :

$$y = a \left[\, Sin \, (= x \sqrt{\frac{N}{E'I}} \,) \right] \qquad (2)$$

Enfin on trouve pour expression de la flèche répondant à l'action de la charge (N)

$$d = \sqrt{\frac{16 \, E I}{N} \left[\frac{\ell}{\pi} \sqrt{\frac{N}{EI} \left(1 - \frac{N}{E \Omega} \right)} - 1 \right]} \qquad (3)$$

Pour que la pièce se redresse, et qu'il n'y ait pas de flèche, il faut donc que (N) soit plus petit que $\left(\frac{\pi^2 E I}{\ell^2} \right)$. Lorsque (N) est plus grand que cette limite il se produit une déformation que les formules (2) et (3) permettent d'apprécier. Alors, les éléments les plus fatigués de la pièce ne sont plus soumis à une compression $\left(\frac{N}{\Omega} \right)$, mais bien à des efforts de compression dont la valeur par unité de surface a pour expression :

$$R = \frac{v}{I} \, N d + \frac{N}{\Omega}$$

Cette dernière formule permet de reconnaître, dans chaque cas particulier que l'on a à examiner, si la limite d'élasticité, qui se rapporte à la matière considérée, est dépassée sous l'effort de compression (N) auquel la pièce a à résister.

Exemple :

Supposons un poteau en bois de chêne de section transversale carré égale à (0.100/0.100), et ayant 5ᵐ de longueur.

On a :

$$I = \left(\frac{a^4}{12} = 0.0000083 \right), \quad \frac{v}{I} = 6024, \quad \text{et } \Omega = 0.01$$

La plus grande compression doit donc être inférieure à

$$N = \frac{\pi^2 \, EI}{\ell^2} = 3900$$

C'est-à-dire à $\left(\frac{3900}{0.01} = 390\,000 \text{ Kil} \right)$ par mètre carré.

Si l'on soumettait la pièce à une compression de 4000 Kil. on trouverait :

$$a = 0.578. \quad Na = 2312 \quad \text{et} \quad R = 14327488$$

Le chêne ne pouvant pas supporter une compression de plus de 6 Kil. par millimètre carré de section sans être exposé à se rompre, nous voyons, par cet exemple, qu'il est toujours possible de calculer l'effort réel que la charge supportée peut être amenée à faire subir aux divers éléments de la pièce. L'analyse que nous avons faite permet donc de reconnaître si une charge donnée, semblant répondre à une compression moyenne acceptable, n'expose pas la pièce à se rompre, lorsque celle-ci, par suite de causes accidentelles, est momentané-ment fléchie.

La théorie permet aussi de trouver les conditions de résistance d'une pièce articulée à une extrémité, et assujettie par le milieu de sa longueur, ainsi qu'à son autre extrémité, à rester sur une même verticale. On trouve alors pour expression de la force nécessaire pour maintenir la pièce fléchie:

$$N = \frac{4\pi^2 EI}{\ell^2}$$

Et pour valeur correspon-dante de la flèche:

$$d = \sqrt{\frac{16 EI}{N}\left(\frac{\ell}{2\pi}\right)\sqrt{\frac{N}{EI}\left(1 - \frac{N}{E\Omega}\right)} - 1\,}$$

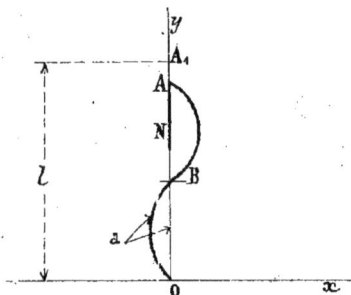

Enfin, si la pièce, chargée suivant son axe, est encastrée à ses deux extrémités, on trouve pour expression de la force nécessaire pour maintenir la flexion:

$$N = \frac{4\pi^2 EI}{\ell^2}$$

Cette pièce se comporte donc comme celle articulée à ses extrémités et assujettie par le milieu de sa longueur.

En résumé, la théorie montre que l'effort limite de compression, rapporté à l'unité de surface, auquel on peut soumettre une pièce est proportionnel à $\left(\frac{I}{\ell^2\Omega}\right)$.

Dans les pièces à section carrée, cet effort est donc

proportionnel à $\left(\frac{c^4}{12\ell^2 + c^2}\right)$, c'est-à-dire, à $\left[\frac{1}{12}\left(\frac{c}{\ell}\right)^2\right]$. Dans les pièces à section circulaire, cet effort, rapporté à l'unité de surface, est proportionnel à $\left(\frac{\pi d^4}{64\ell^2 \frac{\pi d^2}{4}}\right)$, c'est-à-dire, à $\left(\frac{1}{16}\left(\frac{d}{\ell}\right)^2\right)$. Enfin, dans le cas d'une section rectangulaire (2c), ayant sa petite dimension (e) parallèle au plan de flexion, cet effort de compression est proportionnel à $\left[\frac{2c^3}{12\ell^2 \cdot 2c} = \frac{c^2}{12\ell^2}\right]$.

Il résulte de ces formules que pour un même rapport de la hauteur à la plus petite dimension, le poteau à section circulaire ne porte que les (3/4) de l'effort par unité de surface, supportés par le poteau à section carrée, ce dernier semble donc devoir être beaucoup plus avantageux que le premier. Mais comme, pour une même valeur de (d) et de (c), les sections sont dans le rapport de (3.14) à (4), nous voyons qu'en réalité pour supporter un même effort, les volumes des deux colonnes supposées avoir même hauteur seront sensiblement les mêmes.

Ces théories, qui donnent (N) aussi grand que l'on veut, pourvu qu'on fasse (ℓ) assez petit, ne sont évidemment pas propres à déterminer la charge que peut supporter un poteau, elles ne peuvent servir qu'à vérifier si une charge, semblant répondre à une compression rapportée à l'unité de surface compatible avec les conditions de résistance de la matière, n'expose

par la pièce à des chances de rupture
lorsque, par suite de sa grande longueur, une
cause accidentelle peut la faire fléchir.

Ces formules donnent lieu à une
autre critique : Elles supposent les solides
placés dans des conditions que la pratique
ne réalise pas toujours. Ainsi, une colonne
n'est jamais posée sur un simple point
d'appui sans résistance à la rotation, et la
base supérieure n'a pas, non plus, la liberté
de tourner que nous avons supposée. Mais
si ces théories ne permettent pas de déter-
-miner la charge exacte que peut supporter
un poteau, et si, comme formules de
vérifications, on peut critiquer le point de
départ qui a servi à les établir, elles
présentent le grand avantage de montrer l'in-
-fluence que le rapport de la hauteur à la
plus petite dimension exerce sur les conditions
de résistance des solides ; par suite, elles
expliquent et justifient les lois empiriques
données par les savants qui se sont occupés
de cette question.

Un prisme étant assujetti à sa base,
il est très-important qu'à son autre
extrémité, il soit chargé suivant son axe
et que cette extrémité soit assujettie à
rester dans cet axe. En effet, lorsque ces

conditions ne sont pas remplies la pièce se déforme, et l'on trouve pour expression de la flèche.

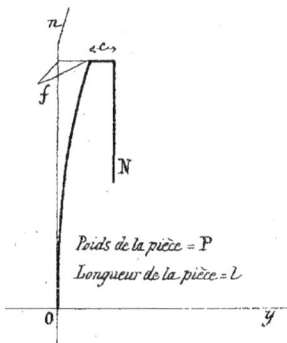

$$f = c \left[\frac{1}{\cos\left[\ell \sqrt{\frac{N}{E.C}} \right]} - 1 \right]$$

Poids de la pièce = P
Longueur de la pièce = ℓ

La plus grande compression des fibres atteint donc la valeur :

$$R' = \frac{N+P}{\Omega} + \frac{v}{I} \left(N(c+f) + \frac{Pf}{2} \right)$$

qui peut différer très sensiblement de la pression $\frac{N+P}{\Omega}$, à laquelle les éléments de la section la plus fatiguée auraient eu à résister, si la pièce, chargée suivant l'axe, ne s'était pas déformée.

Ces considérations théoriques rappelées résument les formules empiriques établies pour calculer les dimensions qu'il faut donner aux pièces chargées debout. Ce qui suit est extrait de l'ouvrage de M⁻ Belanger intitulé : Théorie de la résistance, de la torsion et de la flexion plane des solides :

Supports en bois, chêne ou sapin.

» Rondelet, célèbre architecte, a cherché à déterminer
» par expérience la charge, par unité de surface de la section,
» qui produit la rupture d'un support à base rectangulaire.
» Les résultats qu'il a obtenus sont consignés dans
» le tableau suivant :

Rapport de la hauteur (l) à la plus petite dimension transversale (c)	12	24	36	48	60	72
Nombres proportionnels aux charges produisant la rupture	20	12	8	4	2	1
Les mêmes charges exprimées en Kilogrammes par centimètre quarré	350	210	140	70	35	17,5

» Si l'on essaye de représenter par une courbe la
» loi qui lie les hauteurs aux charges, en prenant les
» unes pour abscisses et les autres pour ordonnées,
» on reconnaît dans ces nombres une anomalie en ce que
» le deuxième point, le troisième et le quatrième sont en
» ligne droite, tandisque les cinq points autres que le
» troisième sont sur une courbe ayant une grande analogie
» avec un arc d'hyperbole, et l'on trouve, en effet, que
» la charge par centimètre quarré qui produit la rupture
» peut être exprimée en fonction du rapport $\left(\frac{l}{c}\right)$ par la
» formule empirique suivante :

$$\frac{24\,200 - 506\,\frac{l}{c} + 2.74\left(\frac{l}{c}\right)^2}{\frac{l}{c} + 40.9}$$

qui, si l'on y fait .... $\frac{l}{c}$ =	12	24	36	48	60	72
donne la charge en K⁗. par (c.m.q.) =	350	210	124	70	36,6	17,5

» D'après Rondelet, il est prudent de ne charger
» d'une manière permanente les supports en bois que du
» septième du poids qui produirait la rupture.

» Mr le Général Morin cite des piliers en bois

dans lesquels le rapport $(\frac{\ell}{c})$ de la hauteur à l'équarrissage
est $(9,1)$ et qui ont supporté sans altération une
charge de $(72\ Kil)$ par centimètre quarré. En faisant
dans la formule précédente $(\frac{\ell}{c} = 9.1)$, on trouve 496, dont
le septième n'est que de bien peu inférieur à cette
charge.

. . . .

Colonnes en fonte. " On doit encore à Mr. Hodgkinson des
expériences sur les supports en fonte. La formule
qu'il a proposée pour les colonnes cylindriques en
fonte, pleines et à bases plates, revient en mesures
françaises à celle-ci.

$$P = 10400\ \frac{d^{3.6}}{\ell^{1.7}}$$

"(P) étant la charge en kilogrammes qui produirait la rupture, (d) le diamètre en centimètres, (ℓ)
la hauteur en décimètres. Il en résulte que la charge
par centimètre quarré serait proportionnelle à $\left(\frac{d^{1.6}}{\ell^{1.7}}\right)$.

" La vérification de cette loi, et en même temps
la détermination des exposants de (d) et de (ℓ) sont
faciles. Soit en général.

$$P = A\ \frac{d^m}{\ell^n} \qquad\qquad (1)$$

" (P), (d), et (ℓ) étant variables, et (A), (m), (n),
étant des constantes qu'il faut trouver.

" En considérant une série d'expériences dans
lesquelles le diamètre (d) est constant, on peut

" remplacer $(A d^m)$ par une constante inconnue (B) et
" poser :

$$P = \frac{B}{\ell^n}$$

" relation dont l'expression se simplifie à l'aide des
" logarithmes. On doit avoir :

$$\log P = \log B - n \log \ell.$$

" Cela étant, si l'on prend deux axes coordonnés
" dans un plan, qu'on porte en abscisses les diverses
" valeurs de $(\log \ell)$ pour la série d'expériences dont il
" s'agit, et en ordonnées les valeurs correspondantes de
" $(\log P)$, on reconnaîtra que la loi supposée est admissi-
" ble, au moins pour le diamètre de la série, à ce que
" les points obtenus par cette construction seront approxi-
" -mativement sur une ligne droite. On tracera cette
" droite dont le coëfficient angulaire et l'ordonnée à
" l'origine feront connaître (n) et $(\log B)$.
" En opérant de même pour les diverses
" séries d'expériences, chaque série relative a un
" même diamètre, on vérifiera la loi en constatant que
" l'exposant (n) doit toujours avoir la même valeur.
" Dès lors, il ne reste plus que deux constan-
" tes (A) et (m) à déterminer dans la formule (1). On
" la mettra sous la forme :

$$\log P + n \log \ell = \log B = \log A + m \log d.$$

" On prendra encore deux axes coordonnés
" on portera en abscisses les valeurs de $(\log d)$ des
" diverses séries d'expériences et en ordonnées les valeurs

" de (log B) correspondantes. Les points obtenus par
" cette construction devront être sur une ligne droite
" dont le coefficient angulaire et l'ordonnée à l'origine
" détermineront (m) et (log A).

" Suivant l'opinion de M. le Général Morin,
" la prudence exige dans la pratique que les supports
" ne soient pas soumis à une pression qui dépasse
" le sixième de la charge de rupture. La formule
" de Hodgkinson donnerait ainsi en Kilogrammes pour
" cette limite :

$$P' = 1730 \; \frac{d^{3.6}}{\ell^{1.7}}$$

" D'après le même expérimentateur anglais,
" les colonnes creuses en fonte, dont les diamètres
" l'un extérieur, l'autre intérieur sont (d) et (d') se
" rompent sous une charge (P) donnée par une for-
" mule qui est en mesures françaises :

$$P = 10200 \left(\frac{d^{3.6} \; d'^{3.6}}{\ell^{1.7}} \right)$$

" ce qui conduit à la limite pratique :

$$P' = 1700 \times \frac{d^{3.6} \; d'^{3.6}}{\ell^{1.7}}$$

" Il doit être entendu que ces formules ne
" sont applicables qu'à des piliers dont la hauteur
" est comprise entre (25) et (120) fois leur diamètre.
" Le diamètre intérieur des supports creux est à peu-
" près les quatre-cinquièmes du diamètre extérieur.

« Influence de l'assujettissement des bases

« et du renflement des Colonnes :

« Nous extrayons des leçons de Mr Morin

« les conclusions suivantes que Mr Hodgkinson a tirées

« de ses expériences :

« 1°. Dans les piliers longs, à dimensions égales,

« la résistance à la rupture est à peu près trois fois

« plus grande quand les extrémités sont plates et

« perpendiculaires à la longueur ainsi qu'à la direction

« de l'effort, que lorsqu'elles sont arrondies ;

« Un pilier long, de dimension uniforme, dont

« les extrémités sont solidement fixées par des disques,

« des bases ou de toute autre manière, présente la même

« résistance à la rupture par compression qu'un pilier

« de même section mais de longueur moitié moindre dont

« les extrémités seraient arrondies, même si l'effort

« était dirigé suivant l'axe.

« 3°. Le renflement ou l'accroissement de

« diamètre des colonnes vers le milieu de leur longueur

« augmente seulement leur résistance de un septième

« à un huitième. »

À ces considérations nous ajoutons les

renseignements suivants :

Hodgkinson a fait de nombreuses expériences

sur les poteaux en bois ; la longueur variant entre 30 et

45 fois le côté de la base, qui était carrée ou rectangulai-

re, il a trouvé pour formule donnant la charge (N)

qui écrase le poteau :

$N = K \dfrac{c^4}{\ell^2}$ lorsque la section est carrée, et $N = K \dfrac{bc^3}{\ell^2}$ lorsqu'elle est rectangulaire. Si nous représentons par (R) cette charge rapportée à l'unité de surface, et par (m) le rapport de la longueur à la petite dimension, on a pour expression de R :

$$R = K \frac{1}{m^2}$$

Cette formule ayant été établie en supposant (m) compris entre (30 et 45) il ne faut l'appliquer que dans ces limites. Les valeurs trouvées pour le coefficient (K) sont alors :

$K = 2565 \times 10^6$ pour le chêne fort , $K = 1800 \times 10^6$ pour le chêne faible. — $K = 2142 \times 10^6$ pour le sapin rouge et le pin résineux. — et $K = 1600 \times 10^6$ pour le sapin blanc et le pin jaune...

Lorsque les constructions doivent être de longue durée il convient de ne pas faire supporter aux poteaux plus du dixième de la charge de rupture ; pour les travaux provisoires on peut aller jusqu'au cinquième.

Les pièces employées comme pilotis de fondation, soutenues de tous côtés par le terrain dans lequel ils sont enfoncés, supportent avec la plus grande sécurité la charge de $0^k 35 \times 10^6$ par mètre carré. Ils doivent être fabriqués avec du chêne, bois se conservant très bien dans l'eau et la terre mouillée.

Les formules d'Hodgkinson, pour le calcul des dimensions à donner aux piliers métalliques, sont indépendantes du facteur exprimant la qualité de la matière ; or, comme la résistance à l'écrasement varie beaucoup d'une fonte à une autre, il est très-important d'introduire ce facteur dans les formules. Les expériences qui ont conduit à la relation ($N = 10676 \frac{d^{36}}{\ell^{17}}$) ont été faites avec une fonte s'écrasant sous une charge de ($81^{k}33 \times 10^{6}$) par unité de surface. Lorsque la résistance à l'écrasement de la matière sera de (R) kilogrammes par mètre carré, il faudra donc multiplier le facteur (10676) par ($\frac{R}{81.33 \times 10^{6}}$). En exprimant cette condition, on arrive à la formule :

$$N = 82,85 + \frac{R}{10^{6}} \times \frac{d^{36}}{\ell^{17}}$$

Pour les colonnes creuses, la relation ci-dessus devient :

$$N = 82,85 \frac{R}{10^{6}} \frac{d_{1}^{3.6} - d_{1}^{3.6}}{\ell^{17}}$$

M. Love a proposé la formule d'interpollation suivante qui résume les résultats des expériences d'Hodgkinson :

$$\frac{N}{\Omega} = \frac{R}{1.45 + 0.0037 \left(\frac{\ell}{d}\right)^{2}}$$

($\frac{N}{\Omega}$) se rapporte aux mêmes unités de surface que (R) et exprime le même genre de résistance, c'est-à-dire, la résistance à la rupture ou la résistance de sécurité, (ℓ) et (d) sont exprimés en unités de la même espèce.

Cette formule s'applique aux piliers en fonte dont la hauteur est comprise entre 4 et 120 fois le diamètre. Lorsque la hauteur varie entre 5 et 30 fois ce diamètre, elle se modifie comme ci-dessous :

$$\frac{N}{\Omega} = \frac{R}{0.68 + 0.1 \frac{\ell}{d}}$$

Supposons une fonte s'écrasant en cube ou prisme de très faible hauteur, sous une charge de $(75 \text{ Kilogr.} \times 10^6)$ par mètre carré, comme cette matière peut être soumise en toute sécurité à une compression égale au $(1/6^e)$ de celle produisant l'écrasement, on peut prendre pour formule donnant la charge pratique à laquelle on peut soumettre les poteaux en fonte de la qualité considérée :

$$\frac{N}{\Omega} = \frac{12\,500\,000}{1.45 + 0.00337 \left(\frac{\ell}{d}\right)^2}$$

Nous déduisons de cette formule le tableau ci-dessous :

rapport $\left(\frac{\ell}{d}\right)$ =	5	10	20	30	40	50	60	70	80	90
Valeur de $\left(\frac{N}{\Omega}\right)$ =	$12,5 \times 10^6$	7×10^6	$4,47 \times 10^6$	$2,79 \times 10^6$	$1,83 \times 10^6$	$1,27 \times 10^6$	$0,92 \times 10^6$	$0,7 \times 10^6$	$0,54 \times 10^6$	$0,43 \times 10^6$

Toujours, d'après les expériences d'Hodgkinson, M. Love a établi pour les colonnes en fer des formules analogues à celles qu'il a proposées pour les colonnes en fonte.

En conservant aux lettres les mêmes significations il donne :

$$\frac{N}{\Omega} = \frac{R}{1.55 + 0.0005 \left(\frac{\ell}{d}\right)^2}$$ lorsque la hauteur est comprise entre (10) et (180) fois le diamètre. Lorsqu' elle est comprise entre les nombres (5) et (35) cette formule devient :

$$\frac{N}{\Omega} = \frac{R}{0.85 + 0.04 \frac{\ell}{d}}$$

Si l'on suppose les piliers construits en un fer pouvant être soumis en toute sécurité à une charge de (6×10^6) Kilogrammes par mètre carré de section, les formules ci-dessus conduisent comme charges pratiques aux valeurs indiquées dans le tableau ci-dessous:

rapport $(\frac{\ell}{d})$ =	5	10	20	30	40	50	60	70	80
Charge par mètre carré =	6×10^6	3.75×10^6	3.43×10^6	3.00×10^6	2.55×10^6	2.14×10^6	1.79×10^6	1.50×10^6	1.26×10^6

Les pièces de machines : bielles et tiges de piston se calculent presque toujours par les formules de M. Love. Pour les bielles cependant on se sert encore quelquefois des formules empiriques de Tredgold :

$$\text{Pièces en fonte } \quad N = 230 \, \frac{d^4}{1.24 \, d^2 + 0.00039 \, \ell^2} \Bigg\}$$

$$\text{Pièces en fer } \quad N = 267 \, \frac{d^4}{1.24 \, d^2 + 0.00034 \, \ell^2} \Bigg\} \quad d \text{ et } \ell \text{ exprimés en centimètres}$$

Mais comme ces formules ne contiennent pas le coefficient de résistance des bielles elles ne peuvent être employées avec sécurité que si la matière qui les compose est d'une qualité identique à celle expérimentée par Tredgold.

Dans beaucoup d'ouvrages on exprime les sections de la bielle et de la tige du piston en fonction de celle du piston. Cette règle s'explique en remarquant que la pression totale exercée sur la bielle différant peu de celle exercée sur le piston, on doit avoir, en représentant par Ω la section du piston, (S) celle des parties extrêmes du corps de la bielle, (R) l'effort de compression par unité de surface auquel on peut soumettre la matière composant la bielle, et (P) la pression par unité de surface sur le piston.

$$s \quad R = P\Omega \qquad \text{d'où} \quad S = \left(\frac{P}{R}\right) \Omega = K\Omega, \text{ c. à. d. } K'D.$$

Les diamètres donnés à la tige du piston et aux parties extrêmes de la bielle, sont donc proportionnels à celui du piston, mais comme ce rapport dépend de (P) et de (R) il ne faut considérer les règles empiriques suivantes que comme destinées à fournir des dimensions d'avant projet que le calcul exact doit modifier. Ces règles se formulent comme suit :

Dans les machines à basses pressions le diamètre de la tige est le 1/20e de celui du piston; dans les machines à haute pression on le détermine par la relation :

$$d = 0.1 \, D + 0^m.004$$

Dans le calcul des bielles en fonte il ne faut pas que la charge supportée au milieu de la longueur dépasse $0^k.28 \times 10^6$ et aux extrémités $0^k.35 \times 10^6$.

Pour les bielles en fer forgé ces chiffres peuvent atteindre les valeurs de :

$0^k.600 \times 10^6$ pour la section milieu et $1^k.100$ pour les sections extrêmes.

Dans les bielles en croix, à noyau cylindrique, ce dernier doit pouvoir supporter seul les efforts de de traction et de compression; les nervures ne doivent servir qu'à empêcher la pièce de fléchir.

On admet pour résistance à l'écrasement par centimètre carré de section des autres matières :

Pour le cuivre battu .... 7245 Kilogrammes

Pour le cuivre jaune ou laiton 11585 d°.

Pour l'étain coulé .... 1087 d°.

Pour le plomb coulé .... 540 d°.

Têtes des bielles.

Lorsque les bielles sont à fourche, on compose celle-ci de deux parties prismatiques AF, CD, réunies entre elles et au corps de la bielle par une partie courbe, dont la fibre moyenne est généralement un arc de cercle. Supposons-nous placé dans ces conditions et représentons par $(2P)$ la pression totale exercée sur la bielle, la pression exercée sur chacune des parties prismatiques sera (P).

La section du corps de la bielle étant supposée circulaire, nous admettrons, ce qui a lieu généralement, que l'épaisseur donnée à la tête de

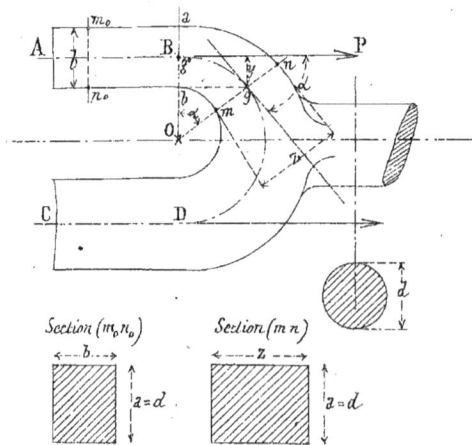

Section $(m_o\, n_o)$

Section $(m\, n)$

la bielle est constante et égale à ($d = d$); nous n'avons donc à calculer que la largeur qu'il faut donner aux diverses parties de cet organe. Celle qu'il y a lieu d'attribuer à la partie droite se déduit de la formule de Mr Love, quant à celles qu'il faut donner aux diverses sections de la partie circulaire, elles résultent des formules relatives à la flexion plane appliquées à une section quelconque, (mn).

La valeur du moment fléchissant dans cette section est égale à: ($M = P \times y$)

La tension longitudinale, dans cette même section, a pour valeur ($N = P \cos d$)

La plus grande fatigue des fibres y est donc exprimée par la relation,

$$R = \frac{y\mu}{I} + \frac{N}{\Omega} = \frac{6 P. y}{d. z^2} + \frac{P \cos d}{d. z}$$

Et comme ($y = r (1 - \cos d)$), il vient pour formule exprimant l'épaisseur (z), qu'il faut donner aux diverses sections répondant à une inclinaison d:

$$R = \frac{6 P r (1 - \cos d)}{d z^2} + \frac{P \cos d}{d. z}$$

d'où:

$$Z = \frac{P \cos d}{2. R \times d} + \sqrt{\left(\frac{P \cos d}{2. R. d} \right)^2 + \frac{6 P r (1 - \cos d)}{R d}}$$

Pour ($d = 0°$) $z = \dfrac{P}{R d}$ pour ($d = 90°$) $z = \dfrac{\sqrt{6 P r}}{\sqrt{R d}}$

et pour ($d = 45°$) $z = \dfrac{P}{R d} \left[0.353 + \sqrt{(0.124 + 1.758 \, \dfrac{r. d. R}{P})} \right]$

Applications diverses

1º Roues des locomotives à bandage plat.

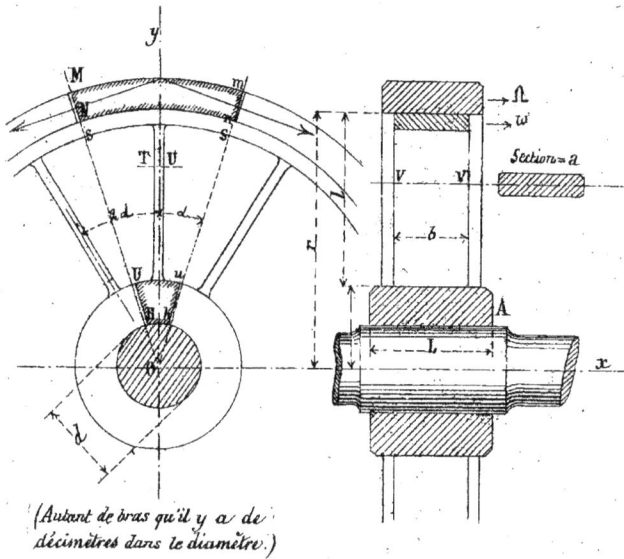

(Autant de bras qu'il y a de
décimètres dans le diamètre.)

Nous n'appli-
-quons le
calcul qu'
à des roues
supposées
entièrement
en fer forgé
et présen-
-tant la
disposition
indiquée
dans le
croquis ci-
contre.

Les roues
des locomotives sont composées de deux parties distinctes:
l'une qui doit durer longtemps, appelée le centre, et l'autre
que l'on doit pouvoir changer lorsqu'elle est usée et
qui s'appelle le bandage. Le centre, composé lui-même
de trois parties : le cercle, les bras et le moyeu, est tourné

extérieurement ; le bandage est alésé intérieurement. Le diamètre du centre est plus grand que le diamètre intérieur du bandage d'une quantité (S) ; pour les placer l'un sur l'autre, il faut donc chauffer le bandage, le placer sur le centre, le laisser refroidir jusqu'à ce que le serrage soit devenu suffisant et plonger le tout dans l'eau. Pour effectuer cette opération qui s'appelle l'embattage des roues, on les place sur un disque suspendu à une grue qui permet d'immerger le tout dans l'eau.

Le rapport de (S) au diamètre extérieur du centre s'appelle le serrage ; il ne dépasse jamais $\frac{1}{1000}$. La roue étant préparée, c'est-à-dire, le bandage étant placé sur le centre on la monte sur un essieu dont le diamètre moyen de la portée est un peu plus grand que celui d'alésage du moyeu ; l'emmanchement s'effectue à la presse hydraulique sous une pression (Q) qui est égale à 70,000 kilogrammes.

Ces préliminaires rappelés, cherchons les conditions de résistance des diverses parties d'une roue construite dans les conditions que, nous venons d'énoncer, en la supposant au repos et n'appuyant pas sur le rail.

Nous représentons les diverses quantités qui entrent dans la question par les lettres ci-dessous :

p = pression par unité de surface entre le bandage et le cercle.

Ω = Section du bandage.

b = largeur du cercle.

r = rayon extérieur de fabrication du cercle.

δ = serrage total défini plus haut.

ω = section du cercle

a = Section des bras

ℓ = longueur des bras.

2α = l'angle fait par deux bras consécutifs.

A = section du moyeu

ρ = le rayon extérieur du moyeu

d = le diamètre moyen de l'essieu.

q = la pression mutuelle par (m²) entre l'essieu et le moyeu

L = la longueur du moyeu.

R = la tension du métal par (m²) dans le bandage.

R' = la compression par (m²) du cercle.

R'' = la compression par (m²) du métal dans les bras.

R''' = la tension du métal par (m²) dans le moyeu.

E = le coefficient d'élasticité du bandage.

E' = le coefficient d'élasticité du cercle

E'' = le coefficient d'élasticité des bras

E''' = le coefficient d'élasticité du moyeu.

i = l'allongement par mètre dans le bandage.

i' = l'allongement par mètre dans le cercle.

i'' = l'allongement par mètre dans le bras.

i''' = l'allongement par mètre dans le moyeu.

f = Coefficient de frottement entre le moyeu et l'essieu

Q = la pression d'emmanchement.

Entre ces 28 quantités il existe les relations ci-dessous :

$$Q = f \cdot \pi \cdot d \cdot L \cdot q \quad \text{d'où :} \quad q = \frac{Q}{f \cdot \pi \cdot d \cdot L} \qquad (1)$$

Cette première équation exprime que la force d'emmanchement est sensiblement égale à la somme des forces de frottement développées au contact de la portée de l'essieu et du moyeu. L'égalité n'existe que si l'on tient compte de l'inclinaison des surfaces en contact et des composantes normales des pressions développées entre ces surfaces ; mais comme cette inclinaison est toujours très faible on peut, sans erreur sensible, formuler ce premier fait par l'Équation (1).

La considération de l'équilibre de la portion de bandage M N m·n donne :

$$2 R \Omega \, \mathrm{Sin} \, \alpha = \int p \, d\omega \, \mathrm{Cos} \, \gamma$$

d'où : $R \Omega = p \times r \times b$

En considérant l'équilibre de la portion du centre NS n s TV il vient :

$$2 R'' + 2 R' \omega \, \mathrm{Sin} \, \alpha = 2 p \cdot b \cdot r \, \mathrm{Sin} \, \alpha \qquad (3)$$

Si l'on écrit que le système (TVUH u b) est lui aussi en équilibre, on obtient :

$$2 R'' + 2 R''' A \, \mathrm{Sin} \, \alpha = q L \, d \, \mathrm{Sin} \, \alpha \qquad (4)$$

Entre les efforts (R), les coefficients d'élasticité (E) et les allongements proportionnels (i) existent les relations :

$$R = E i \;\; (5) \quad R' = E' i' \;\; (6) \quad R'' = E'' i'' \;\; (7) \quad R''' = E''' i''' \;\; (8)$$

Enfin nous pouvons écrire que :

$$\frac{s}{2r} = i + i' \quad (9) \quad \text{et que} \quad i'' \ell = i' r + i'' s \qquad (10)$$

Nous obtenons donc (10) équations entre les (28)

quantités que nous avions à considérer.

Lorsqu'on construit la roue par comparaison, et que les formules établies ne doivent servir qu'à vérifier si les dimensions admises dans l'étude de l'avant-projet sont suffisantes, le nombre de ces relations suffit à résoudre le problème. En effet, les données de la question sont alors : b. r. d . ℓ. L. S. f. Q. Ω. ω. a. A. 2α. ϵ. s. E. E'. E'' et E''' soit (18) quantités, les 10 équations établies permettent donc de détermi-ner les (10) inconnues, qui sont :

$$R, R', R'', R''', q, p, i, i', i'' \text{ et } i'''.$$

Si pour simplifier nous supposons le même coëfficient d'élasticité aux diverses parties de la roue, et si nous admet-tons que (R''') est négligeable lorsqu'on le compare aux efforts d'extension et de compression R, R' et R'', les équations établies plus haut se modifient comme suit :

$$q = \frac{Q}{f. \pi. d. L} \quad (1') \qquad R \Omega = p.r.b. \quad (2')$$

$$a R'' + 2 R' \omega \sin \alpha = 2 p b r \sin \alpha \quad (3') \text{ équation approchée : } a R'' = q L d \sin \alpha \quad (4')$$

$$R = E i \quad (5') \qquad\qquad\qquad\qquad R' = E i' \quad (6')$$

$$R'' = E i'' \quad (7') \qquad\qquad\qquad\qquad R''' = 0 = E i''' \quad (8')$$

$$i' = \left(\frac{s}{2r} - i\right) \quad (9') \qquad\qquad\qquad i'' = \left(\frac{s}{2r} - i\right) \frac{r}{\ell} \quad (10')$$

Remplaçons dans l'équation (3) (p r b) par sa valeur tirée de l'équation (2) et (a R'') par celle tirée de l'équation (7) il viendra :

$$a E i'' + 2 R' \omega \sin \alpha = 2 R \Omega \sin \alpha$$

c'est-à-dire : $a E \left(\frac{s}{2r} - i\right) \frac{r}{\ell} + 2 E \left(\frac{s}{2r} - i\right) \omega \sin \alpha = 2 E i \Omega \sin \alpha$

relation de laquelle on déduit :

$$i = \frac{S}{2r}\left[\frac{2\omega \sin\alpha + \dfrac{ar}{\ell}}{2\sin\alpha\,(\Omega+10)+\dfrac{ar}{\ell}}\right]$$

Une fois (i) connu, on en déduit les valeurs de (i') et (i'') et, par suite, celles des quantités R, R' et R'' qu'il importe de déterminer :

Lorsque le bandage est en une autre matière que le centre, on trouve pour expression de (i), en représentant le coëfficient d'élasticité du bandage par E et celui du centre par E_1 :

$$i = \frac{S}{2r}\left[\frac{E_1\left(2\omega\sin\alpha + \dfrac{ra}{\ell}\right)}{2\sin\alpha\,(E\Omega+E_1\omega)+E_1\dfrac{ra}{\ell}}\right] \qquad (d')$$

Si l'on voulait tenir compte de la tension (R''') et de l'allongement proportionnel (i''') il suffirait de remplacer dans l'équation (3) ar'' par (aEi'''), R' par (Ei') et pbr par $(Ei\Omega)$, puis de remplacer de même dans l'équation (4), dR'' par dEi'' et R''' par Ei'''. Ces substitutions opérées, on éliminerait (i') et (i'') en écrivant que $\left(i' = \frac{S}{2r} - i\right)$, puis que $i'' = \left(\frac{S}{2r} - i\right)\frac{r}{\ell} + i''\frac{S}{\ell}$, et l'on obtiendrait deux équations en (i') et (i'') desquelles on déduirait :

$$i''' = \frac{\dfrac{Q}{2\int\pi E}\left[2\,(\Omega+\omega)\sin\alpha + \dfrac{ar}{\ell}\right] - \dfrac{S.2}{2.\ell}\,\Omega}{\left(\dfrac{a\int}{\ell}+2A\sin\alpha\right)(\Omega+\omega)+A\dfrac{ar}{\ell}} \qquad (I)$$

Et

Et $\quad i = \dfrac{\frac{S}{vr}\left(2\,\omega\,\sin\alpha + \frac{ar}{\ell}\right) t}{2\,(\Omega+\omega)\,\sin\alpha + \frac{ar}{\ell}} \quad c''' \dfrac{af}{\ell}$ $\qquad$ (II)

en supposant que les coefficients d'élasticité du bandage et des diverses parties du centre ont la même valeur.

L'exemple ci-dessous fait ressortir l'influence du facteur (i''').

Supposons $\Omega = 0^{m^2}\!.0064$, $\omega = 0^{m^2}\!.0026$, $a = 0^{m^2}\!.0026$, $A = 0^{m^2}\!.014$, $\alpha = 15°$ d'où $\underline{\sin\alpha = 0.26}$, ($E = E_1 = 20\times10^9$), $\left(\frac{S}{2r} = 0.001\right)$, $2r = 1^m\!.20$, $\ell = 0.41$, $b = 0.1$, $d = 0.16$, $\beta = 0.165$, $L = 0.17$, $f = 0.15$ et $Q = 7000^k$.

L'équation (1) donne pour valeur de la pression par unité de surface entre le moyeu de la roue et la portée de l'essieu.

$q = 5\,470\,000$ soit $5^k\!.5$ p. m.m.²

L'équation (I) donne: $i''' = 0.000081$

et l'équation (II) donne: $i = 0.000612$

Or, négligeant le terme (i''') on calcule (i) par la formule (2), on trouve: $i = 0.000603$. On peut donc, lorsqu'on veut procéder rapidement, calculer sans erreur sensible, la fatigue des pièces des différentes parties de la roue, en ne tenant pas compte de l'allongement proportionnel des fibres du moyeu.

Dans le cas considéré, et en tenant compte de (i'''), on trouve:

$i' = 0.000388$ $\qquad$ et $\quad i'' = 0.0006$

Il en résulte que la plus grande tension des fibres dans le bandage est de $12^k\!.24$ par m.m.², qu'elle est de $[(0.000388 + 20 \times 109) = 7^k 76]$ dans le cercle, que la compression dans les bras est de 12^k par m.m.², et que la tension dans le moyeu est de $1^k 62$.

Ces formules montrent que la fatigue des pièces est d'autant plus grande que (Ω) devient petit, c'est-à-dire que le bandage s'use. Elles expliquent, en conséquence, pourquoi il est prescrit aux compagnies de retirer les bandages de la circulation après une usure déterminée.

L'état de mouvement et l'appui sur le rail modifient ces formules, aussi ne faut-il les employer que pour comparer entre eux les profils de roues ; elles ne peuvent pas servir à déterminer la fatigue absolue des pièces. Si la roue, sans reposer sur le rail, n'était animée que d'un mouvement de rotation uniforme, cet état de mouvement modifierait très-peu les forces intérieures que nous venons de déterminer.

En effet, lorsque la roue fait 400 tours par minute, c'est-à-dire qu'elle parcourt 90 480 mètres par heure, la tension dans le bandage, due à ce mouvement de rotation, n'est que de $(2 \times n^2 \times d^2 = 460\,800^k)$, c'est-à-dire, $0^k 46$ par m.m.², chiffre insignifiant. La fatigue dans le bandage et les diverses parties du centre n'est augmentée d'une manière sensible que par l'appui sur le rail, et par les variations que subit la vitesse angulaire, mais comme la recherche des efforts intérieurs que prennent naissance dans ce cas est assez difficile, nous nous contentons, pour le moment, de poser le problème.

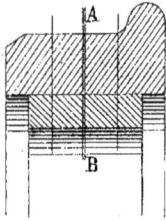

Le calcul des bandages avec boudin est compliqué. Si par la pensée on partage le bandage en deux parties par un plan AB, on reconnaît, par la simple inspection de la figure, que pour avoir un centre également comprimé dans toutes ses parties, il faut avoir sous le boudin un serrage plus grand que sous la partie plate. Si l'on applique les formules données pour les bandages plats à ceux munis de bourrelets, il faut bien prendre en considération que les tensions ou compressions auxquelles on arrive ne sont que des tensions moyennes et qu'il en est de même du serrage.

Au lieu de se donner à priori le serrage, on peut se proposer de le calculer en s'imposant la condition qu'il réponde à une tension moyenne dans le bandage. Si cette tension moyenne est donnée, il en résulte que (i) est déterminé, par suite, $\left(\frac{S}{w}\right)$ se déduit de l'une des équations $(d, d'$ (I et II)), suivant le cas considéré. Ces mêmes formules peuvent servir à calculer le serrage à donner aux diverses parties du bandage, en le partageant en un certain nombre de tranches, en s'imposant la condition

que (i) soit le même pour ces diverses tranches,
et en supposant négligeables les actions latérales
qu'elles exercent les unes sur les autres.

Essieux de Wagons.

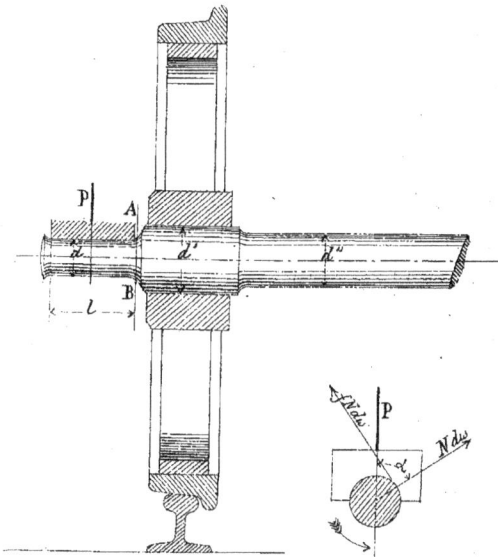

Il est
très important
de déterminer
exactement
leurs dimen-
-sions, sans
excès de ma-
tière ce qui
serait coû-
teux à cause
de leur grand
nombre,
mais aussi
sans défaut
de matière
ce qui compro-
-mettrait la

sécurité de l'exploitation.

Les essieux comprennent trois parties : la
fusée, la portée de calage, et le corps de l'essieu ;
indiquons comment on détermine les dimensions

qu'il convient de donner à chacune de ces partie.

1º. Des Fusées.

Elles supportent les coussinets, contre lesquels sont appuyés les ressorts soutenant le chassis du wagon. Représentons par (P) la pression totale exercée par les ressorts sur un coussinet, par (d) le diamètre de la fusée, et par (L) sa longueur. La pression exercée par le coussinet sur la fusée est uniformément répartie sur toute la surface de contact, soit (N) cette pression rapportée à l'unité de surface. Il faut tout d'abord exprimer que les dimensions de la fusée répondent à la condition que les éléments les plus fatigués ne sont soumis qu'à des tensions ou compressions ne dépassant pas les limites que la matière peut supporter en toute sécurité, puis que ces dimensions sont compatibles avec un bon graissage.

Pour remplir cette dernière condition il faut que la pression (N) ne dépasse pas une limite déterminée par l'expérience, puis, il faut que le travail du frottement par unité de surface reste au-dessous d'une limite déterminée par la condition que la température dans la boîte à graisse ne s'élève à un degré altérant la qualité des corps lubréfiants.

Ces diverses conditions donnent lieu aux trois relations ci-après.

condition relative à la résistance $\quad d = 1.72 \sqrt[3]{\dfrac{Pl}{R}} \qquad (1)$

condition relative à la pression N $\quad (N = 200\,000) \gg \dfrac{P}{d\,l} \qquad (2)$

condition relative au travail
du frottement. $\quad \left\{ (T_f = 15000^{km}) \gg \dfrac{f\cdot P\cdot \pi\cdot n}{60\cdot l} \qquad (3) \right.$

Pour déterminer au moyen de ces 3 équations, que nous avons établies lors du calcul des dimensions à donner aux tourillons, les valeurs que doivent avoir les Dimensions (d) et (l) de la fusée, voici comment on opère :

On détermine (d) et (l) au moyen de l'équation (1) et de l'égalité (2), mais, avant d'adopter ces Dimensions, on s'assure que la longueur de la fusée satisfait à l'inégalité (3). Si, ce qui n'arrive que lorsque le nombre de tours fait par l'essieu est très considérable, l'inégalité (3) n'était pas satisfaite, on calculerait (d) et (l) au moyen des équations (1) et (3). Il est bien évident que, dans ce dernier cas, l'inégalité (2) serait satisfaite par ces dimensions, puisque (d) et (l) auraient des valeurs plus grandes que celles résultant du calcul au moyen des équations (1) et (2). Lorsqu'on détermine ces dimensions par les équations (1) et (2) il vient, si l'on suppose $(R = 6 \times 10^6)$, et si l'on admet pour valeur du coëfficient de frottement : $(f = 0.04)$:

$$d = 0.00143 \sqrt{P} \qquad (a) \qquad \ell = 0.0035 \sqrt{P} \qquad (b)$$
$$\ell = > 0.000\,000\,139 . P . n . \qquad (c)$$

Des équations (a) et (b) l'on déduit la relation :

$$\ell = 2.44 \times d$$

Exemple :   Considérons le cas d'une voiture à voyageurs pouvant parcourir à un moment donné 90 kilomètres à l'heure et supposons : $(P = 3000\ Kg)$. On trouve que dans ce cas, il faut à la fusée, comme dimensions :

$$d = 0.078 \qquad \text{et} \qquad \ell = 0.1916$$

Mais avant d'adopter ces quantités il faut s'assurer que la longueur de la fusée satisfait à l'inégalité (3). Or, en supposant aux roues 1^m de diamètre, on trouve $n = 477$, et pour équation de condition : $\ell = > 0.198$. La longueur trouvée de 0.1916 est donc un peu inférieure à celle strictement nécessaire, il sera alors prudent de prendre $\ell = 0.20$ et de calculer (d) en remplaçant dans l'équation (1) la longueur (ℓ) par cette valeur.

La fusée a non seulement à résister à des efforts de flexion, mais aussi à des efforts de torsion due aux composantes de frottement des actions exercées par les coussinets. La section la plus fatiguée est évidemment la section $(a\,b)$ pour laquelle le couple de torsion $(M\,P)$ est égal à :

$$\left[\Sigma f N \, d\omega \, \frac{d}{2} = \frac{f.P.\pi.d}{4}\right]$$

On devrait donc calculer l'essieu par la formule de résistance :

$$R_1 = \frac{16}{\pi.d^3} \sqrt{(M.P)^2 + 4\,(\mu m)^2}$$

au lieu de faire usage de la relation :

$$d = 1.72 \sqrt[3]{\frac{P\ell}{R}}$$

Mais il est facile de s'assurer que l'erreur commise en se servant de cette dernière formule est faible. En effet, dans l'exemple que nous avons traité, on a :

$$M.P = \frac{0.04}{4} + 3000 \times 3.14 \times 0.078 = 7.3476$$

$$\mu_m = \frac{P\ell}{2} = 3000 \times \frac{0.1916}{2} = 287,400.$$

Le moment de torsion disparaît donc à côté du moment de flexion, par conséquent, nous avions raison de ne pas nous préoccuper de ce premier dans nos calculs.

Corps de l'essieu.

On peut négliger le poids de l'essieu sans commettre d'erreur sensible. Dans ces conditions, les pressions exercées par le moyeu de la roue contre l'essieu ont pour résultante une force verticale, égale à (P) et passant par la section milieu de la portée. Le moment fléchissant dans une section quelconque ($m.m$) est donc égal à ($P\delta$); δ représentant la distance qui sépare la section milieu de la fusée de celle de la portée.

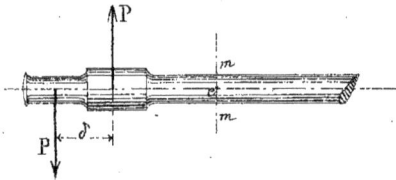

Si l'on s'impose la condition que la fatigue des fibres extrêmes soit égale à (R) dans toutes les sections du corps de l'essieu, on déduira le diamètre commun à donner à ces sections de la relation :

$$R = \frac{vM}{I} = \frac{\dfrac{d''}{2} \cdot P\delta}{\dfrac{\pi d''4}{64}} = \frac{32\,P\delta}{\pi d''3} \qquad \text{de laquelle on}$$

tire :

$$d'' =$$

$$d'' = 2,168 \sqrt[3]{\frac{P \times \delta}{R}}$$

Si nous admettons pour valeur de (R) le chiffre (6×10^6), déjà admis dans le calcul de la flèche, on trouve pour expression du diamètre en fonction du moment $(P\delta)$:

$$d'' = 0.0119 \sqrt[3]{P \times \delta}$$

Lorsqu'on suppose que les fibres des diverses sections du corps de l'essieu, n'ont à résister qu'à l'action du moment fléchissant $(P\delta)$ et que le diamètre de ces sections est constant; il en résulte que la fibre moyenne se déforme suivant un arc de cercle dont le rayon : $\left(\rho = \frac{EI}{\mu} \right)$ a pour valeur :

$$\rho = \frac{E}{2R} d'' = 1666 \, d''$$

lorsqu'on remplace (E) par (20×10^9) et (R) par (6×10^6).

À cette déformation répond une flèche égale à :

$$\rho - \sqrt{\rho^2 - \frac{a^2}{4}}$$

(a) représentant la corde de la fibre moyenne déformée.

L'examen des formules établies montre que le diamètre du corps de l'essieu est plus grand que celui de la fusée ; en effet, on a toujours $(\delta > \frac{\ell}{2})$.

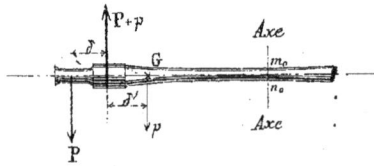

P = poids du demi-essieu.
G = centre de gravité du demi-essieu.

Lorsqu'on veut tenir compte du poids de l'essieu, le moment fléchissant n'est plus constant dans les diverses sections, il est maximum près de la portée de calage et minimum dans la section milieu où il devient égal à :

$$\mu_m = P\delta - p\delta'$$

Mais comme dans les applications le moment fléchissant $(p\delta')$ est toujours petit, comparé au facteur $(P\delta)$, on peut, en toute sécurité, faire usage de la formule établie en ne tenant pas compte de $(p\delta')$. Ce facteur a pour effet de diminuer un peu le diamètre de la section milieu, mais pas assez pour que cette diminution de diamètre entraîne une économie appréciable dans le poids de ces organes.

Appliquons ces formules à l'exemple

déjà traité en supposant $(\delta = 0.18)$ et $(d = 1^m.20)$.

On trouve : $d'' = 0.0968$ $\beta = 161^m.6$

y = flèche de la fibre moyenne du corps de l'essieu $= 0^m.002$.

Ce dernier résultat montre que l'influence du mouvement sur les conditions de résistance des essieux est tout à fait négligeable

Portée de calage.

Il semble tout d'abord que le diamètre de cet organe n'a pas besoin d'être supérieur à celui donné au corps de l'essieu. Il n'en est pas ainsi à cause de la pression qui doit exister entre le moyeu de la roue et la portée de calage. Cette pression, dont la valeur par unité de surface :

$$\left[q = \frac{Q}{f \cdot \pi \cdot d' \cdot L} \right]$$ ne doit pas dépasser (5×10^6) à (6×10^6), conduit, pour le calcul du diamètre (d') à la relation :

$$d' = \frac{Q}{0.15 \times \pi \times L \times q} = \frac{70000}{0.471 \times 5\,500\,000} = \frac{0.027}{L}$$

Et comme (L) ne doit pas être trop grand, afin de ne pas augmenter la grandeur du couple $(T.\delta)$, on ne donne à cette dimension (L) que la valeur reconnue strictement nécessaire pour assurer la stabilité de la roue ; aussi le diamètre (d'), calculé par cette méthode, est-il toujours plus grand que celui donné au corps de l'essieu. D'ailleurs, quand même le calcul ne conduirait pas à ce résultat, on serait forcé de faire d' > d" afin de rendre facile l'emmanchement de la roue sur la portée de calage.

Si nous adoptons L = 0.17 on trouve d' = 0.16 en nombre rond.

Il est très important de raccorder par des congés la fusée et le corps de l'essieu à la portée de calage.

Lorsque les freins serrent les roues il peut arriver, par suite d'avaries, que l'une des roues étant calée par le frein, l'autre ne le soit pas. Dans ce cas, le corps de l'essieu a à résister à l'action d'un moment fléchissant et à celle d'un couple de torsion dont la valeur ($f P r$) ne peut être négligée que pour les roues de wagons d'un diamètre ne dépassant pas 1^m. Dans ce cas, en effet, ($f r = 0.1 \times 0.5 = 0.05$)

est sensiblement plus petit que 0,18, valeur de la distance (δ.)

Essieux des roues de machines.

Ils sont droits ou coudés ; les premiers s'emploient lorsque les cylindres sont extérieurs aux longerons, les seconds quand ils sont intérieurs. Nous ne considérons que le cas des essieux droits, et nous ne déterminons leurs conditions de résistance que pour l'hypothèse d'une seule roue motrice présentant les dispositions indiquées dans les croquis ci-dessous. Ces essieux diffèrent de ceux que nous venons d'étudier par deux points : ils se terminent par une portée tournée sur laquelle sont calées deux excentriques et une manivelle, puis, ils ont à résister à des efforts de torsion qu'il n'y a plus lieu de négliger.

Nous savons calculer les

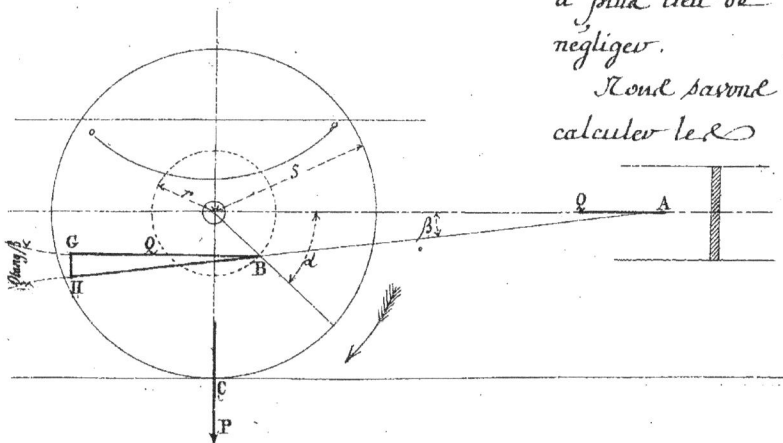

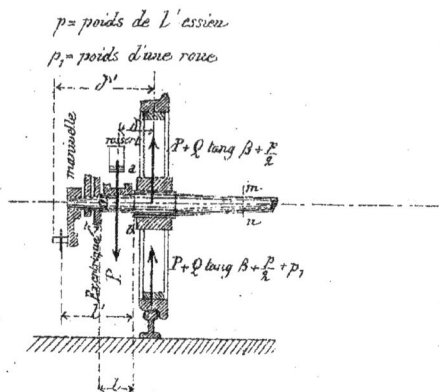

p = poids de l'essieu
p_1 = poids d'une roue

manivelle

ressort

$P + Q \tan \beta + \dfrac{P}{2}$

$\dfrac{m}{n}$

$P + Q \tan \beta + \dfrac{P}{2} + p_1$

P

l'excentrique

dimensions qu'il faut donner à la manivelle et à la portée sur laquelle elle se trouve calée avec les deux excentriques, nous n'avons donc à nous occuper que du calcul des

dimensions à donner à la fusée, à la portée de calage de la roue et au corps de l'essieu.

La fusée a à résister à la pression (P) exercée par les ressorts, et à l'effort simultané de flexion et de torsion produit par l'action de la bielle sur la manivelle. Il faut de plus que ses dimensions satisfassent aux conditions nécessaires pour assurer un bon graissage.

Ces dernières conduisent à deux équations connues qu'il nous suffit de rappeler ; quant à la relation relative à la résistance voici comment on l'établit :

Dans la section (ab), la plus fatiguée de la fusée, les éléments extrêmes, dans un plan vertical passant par l'axe, ont à résister à des efforts d'extension et de compression dus à un moment fléchissant $(\mu_m = \dfrac{Pl}{2} + Q \tan \beta \, l')$, et à des efforts de glissement, dans la section, dus à un couple de torsion égal à $\left(Q r (\sin \alpha + \tan \beta \cos \alpha) - \dfrac{f P \pi d}{4} \right)$. La relation qui existe entre les dimensions de la fusée et ces quantités sera donc :

$$R' = \frac{16}{\pi d^3} \sqrt{\left(\mathcal{M} P \right)^2 + 4 \left(\mu_m \right)^2} = \frac{16}{\pi d^3} \sqrt{\left(\ldots \right)^2 + 4 \left(\ldots \right)^2}$$

Les fibres extrêmes dans un plan horizontal passant par l'axe, ont à résister à des efforts d'extension et de compression dus à un moment fléchissant égal à $(Q \, l')$, et à des efforts de glissement dans la section dus au couple de torsion dont nous avons donné plus haut la valeur. Mais comme la résultante de ces deux efforts est évidemment beaucoup plus petite que celle de la résultante qui se rapporte aux fibres extrêmes dans le plan vertical, il n'y a pas lieu, dans le calcul du diamètre à donner à la fusée, de se préoccuper de ces forces.

Pour tenir compte de l'état de mouvement il suffirait de calculer (Q) en ajoutant aux forces réelles qui agissent sur le piston, la tige et la bielle, les forces d'inertie dues au mouvement de ces pièces, puis d'ajouter au moment de torsion calculé plus haut celui dû à l'action des forces d'inertie sur la manivelle, lequel a pour valeur $- \dfrac{d\omega}{dt} \Sigma m \rho^2$, et d'ajouter enfin au moment fléchissant celui dû à l'action, dans le plan vertical, des composantes centrifuges de ces forces d'inertie.

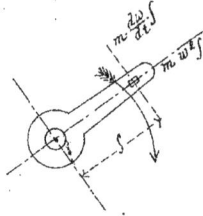

La portée de calage supportant la roue motrice, se calcule en exprimant que la plus grande pression exercée sur elle par le moyeu ne dépasse pas 5 Kilogrammes par millimètre carré de section.

Le calage s'effectue sous un effort d'em-manchement, souvent donné par la formule empirique (5oo ooo d), qui ne dépasse pas 70 à 80,000 Kilogrammes; cet effort connu, et la largeur du moyeu déterminée, on en déduit facilement les dimensions de la portée. Le diamètre ainsi calculé étant toujours de beaucoup supérieur à celui nécessaire pour résister à la flexion et à la torsion, on peut l'adopter sans se préoccuper des efforts intérieurs dûs à ces déformations.

Corps de l'essieu.

La flexion produite par la composante horizontale (Q) de la pression exercée par la bielle sur la manivelle étant faible, lorsqu'on la compare à celle due aux forces verticales, on ne calcule cette partie de l'essieu que pour résister à l'action simultanée de la torsion et de la flexion dans le sens vertical.

Supposons les conditions de marche indiquées dans le croquis, et admettons le poids de l'essieu négligeable par rapport aux autres forces qui agissent sur lui. Le plus grand moment fléchissant aura pour valeur $\left[\mu_m = (P\delta + Q \tan g \beta \delta') \right]$, quant au plus grand moment de torsion il se détermine en remarquant que, si $\left(\frac{dw}{dt} \right)$ représente l'accélération angulaire de l'essieu et des pièces montées sur lui à l'instant considéré, et si (P_p) représente le moment de torsion dans une section quelconque, on a :

$$- \frac{dw}{dt} = \frac{Q r (\sin \alpha + \tan g \beta \cos \alpha) - \overbrace{f'\rho (P + \frac{P_2}{2} + p_1 + Q \tan g \beta)}^{\text{Adhérence de la roue}} - \frac{f.P.\pi.d}{4} = P_p}{\Sigma m r^2}$$

d'où : $P_p = Q r (\sin \alpha + \tan g \beta \cos \alpha) - f' \rho (P + \frac{P_2}{2} + p_1 + Q \tan g \beta) - \frac{f.P.\pi.d}{4} - \frac{dw}{dt} \Sigma m r^2$

Le moment fléchissant et le moment de torsion connus, on en déduit, sans difficulté aucune, les dimensions qu'il y a lieu de donner au corps de l'essieu. Le coëfficient (R') adopté dans les formules ne doit pas dépasser, dans le cas d'essieu de machines en fer, le chiffre (4×10^6); et cela parce que les pièces tordues et fléchies successivement dans tous les sens ne se trouvent pas dans d'aussi bonnes conditions de résistance que celles simplement fléchies.

Nous terminerons ces calculs par une simple remarque.

Le moment des efforts de frottement dus au calage de la roue sur l'essieu est d'environ 70 000 kilog × 0.085 = 5950, la plus grande pression exercée par la roue sur le rail est de 7500 Kil. et le plus grand moment dû à cette pression ne dépasse pas 7500 x 0.1 x 1 ^{m}.1 = = 825. Il semble donc, en comparant ces chiffres, que les roues ne doivent jamais se décaler, or ce phénomène se produit néanmoins à la longue, sous l'action répété des chocs du boudin des bandages contre les rails, action dont il nous est impossible de tenir compte dans nos calculs.

Cette remarque montre l'utilité qu'il y a d'évaluer toutes les forces qui peuvent agir sur les pièces et combien il est important, lorsqu'il n'est pas possible de le faire, d'examiner souvent les organes placés dans ces conditions.

Tabliers métalliques.

Les ponts se partagent en deux grandes classes : ponts supportant les voies de terre et ponts supportant les voies de fer. Chacune de ces classes se subdivise en deux groupes : ponts d'une seule travée et ponts à plusieurs travées. Nous allons tout d'abord nous occuper des ponts supportant les voies de terre à une seule travée.

Ponts pour Routes.

Les conditions dans lesquelles ces ponts doivent être étudiés sont déterminées par la Circulaire

ministérielle sur les tabliers métalliques des Passages
supérieurs en date du 15 Juin 1869. Elle stipule, en
résumé, que les pièces en fonte ne devront pas être
soumises à des efforts d'extension dépassant un Kilo-
-gramme par millimètre carré et à des efforts de
compression dépassant cinq Kilogr., que les
pièces en fer ne devront pas être soumises à des
efforts d'extension ou de compression dépassant six
Kilogrammes par millimètre carré, et enfin que
les pièces des tablières devront être calculées pour
celui des cas d'épreuves ci-dessous détaillés qui
les fatigue le plus.

Dans le premier de ces cas, on suppose
sur le pont une charge uniformément répartie
de 400 Kilogrammes par mètre carré de tablier, trottoirs
compris.

En second lieu on fait circuler sur le ponts
celles des voitures à deux ou à quatre roues qui,
chargées au maximum, fatiguent le plus les pièces
du tablier. Cette épreuve est réalisée en faisant
passer sur la chaussée, en même temps et au pas,
autant de voitures qu'elle en peut contenir avec leurs
attelages, sur le nombre de files que comporte la largeur
de la voie charretière. Les voitures que les tabliers
doivent pouvoir supporter sont celles dont la circulation
est autorisée par le règlement du 10 Août 1852,
sur la police du roulage et des messageries, c'est-à-
-dire les voitures attelées au maximum de cinq

chevaux si elles sont à deux roues, et de huit chevaux
si elles sont à quatre roues. On admet que le
poids du chargement et de l'équipage peut s'élever à
onze tonnes pour les voitures à deux roues et à
seize tonnes pour les voitures à quatre roues dont
les essieux sont écartés de trois mètres.

    La première question à résoudre dans le
calcul des dimensions à donner aux diverses pièces
du tablier, est donc de rechercher celui de ces cas
d'épreuve pour lequel il y a lieu de déterminer
leurs conditions de résistance. Il faut, à cet effet,
connaître les dimensions principales des véhicules,
la longueur des attelages et le poids spécifique
des matières qui composent les tabliers, la
chaussée et les trottoirs. Nous résumons, ci-
après ces renseignements :

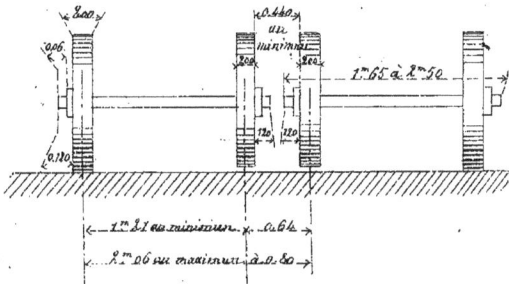

En coupe,
les dimensions
principales
des charrettes
et chariots
sont indiquées
dans le croquis
ci-contre.
    Dans le
sens de la longueur, l'espace occupé par ces
véhicules est indiqué dans les figures ci-après.

cas des charrettes

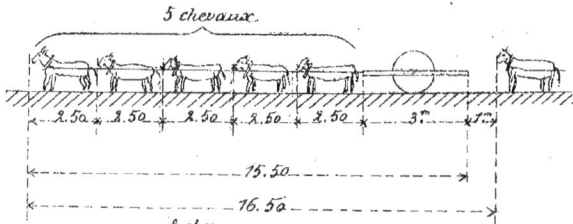

5 chevaux.

2.50 | 2.50 | 2.50 | 2.50 | 2.50 | 3ᵐ | 1ᵐ

15.50

16.50

cas des chariots

8 chevaux

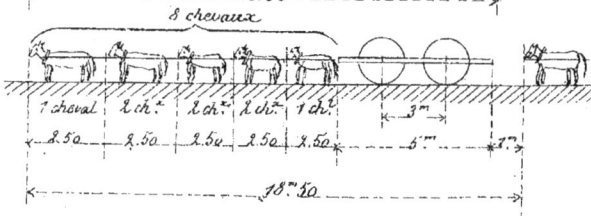

1 cheval | 2 ch. | 2 ch. | 2 ch. | 1 ch. | 3ᵐ

2.50 | 2.50 | 2.50 | 2.50 | 2.50 | 5ᵐ | 1ᵐ

18ᵐ50

Quant aux poids spécifiques des matières employées dans la construction des tabliers, des chaussées et des trottoirs, comme ils sont indiqués dans tous les aide-mémoire, nous croyons inutile de les reproduire ici.

Les chiffres se rapportant à la résistance des matières, qui sont visés dans la circulaire ministérielle, supposent aux fers et aux fontes des qualités, et admettent des conditions d'exécution, que les administrations publiques imposent aux fournisseurs dans un cahier des charges dont ils doivent observer toutes les clauses. Nous pouvons citer comme type de Cahier des charges bien étudié celui de la Compagnie du Chemin de fer du Nord.

Il existe plusieurs qualités de fers, elles

se distinguent les unes des autres par la charge
de rupture rapportée à la section primitive, et
par l'allongement permanent par mètre mesuré
après la rupture. La classification généralement
admise est celle de la Marine, quant à la qualité
des fers exigée pour la construction des ponts, c'est
celle dite ordinaire, caractérisée, pour les cornières
et fers spéciaux, par une résistance à la rupture de
34 Kilogrammes par m.m², et un allongement permanent après rupture, de (9%).

Mais comme ces chiffres dépendent de
la manière dont l'essai est exécuté, et principalement
des dimensions données à la partie prismatique
de l'éprouvette, il est essentiel, lorsqu'on procède
aux épreuves de résistance, de suivre à la lettre les
prescriptions des cahiers des charges.

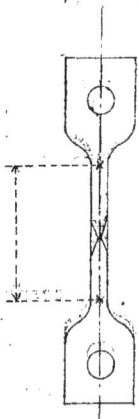

En effet, lorsqu'après rupture
on rapproche les morceaux de
l'éprouvette et qu'on mesure l'allongement total de la partie prismatique ; on remarque que cet allongement
est toujours composé de deux parties :
d'un accroissement de longueur assez
considérable, provenant de la déformation
subie par la tige près de la section
de rupture, et d'un allongement subi
par les parties restées sensiblement prismatiques
au dessus et au-dessous de cette section de rupture.

La première de ces déformations, qui varie avec la qualité des fers et la grandeur de la section transversale, est sensiblement constante quelle que soit la longueur de la partie prismatique, et comme elle est relativement grande, il en résulte que si, pour constater l'allongement perma -nent rapporté à l'unité de longueur après rupture, on considère deux éprouvettes ayant même section transversale mais des longueurs différentes, on trouvera un allonge- -ment proportionnel permanent sensiblement plus grand pour l'éprouvette de plus petite longueur. De nombreux essais faits dans l'usine de Terre Noire sur des pièces en acier il résulte que, le corps de l'éprouvette étant un cylindre de (0.020) de diamètre, on trouve un allongement proportionnel après rupture de 11,3 %, lorsque la partie cylindrique a 0m.200 de longueur; que cet allongement est de 13,6 lorsque la longueur de cette partie cylindrique est de 0m.100, et de 16% lorsque la longueur tombe à 0m.05.
Pour bien juger les qualités relatives des fers il est donc essentiel de soumettre aux épreuves stipulées des éprouvettes toutes identiques les unes aux autres comme construction et dimensions.

Ces préliminaires rappelés, voyons comment on détermine les conditions de résistance des diverses parties qui composent les tabliers métal. -liques.

Bien des systèmes de ponts sont en présence; les croquis ci-après en indiquent quelques uns. Les deux premiers types ont

Type N.°1

Type N.°2

Type N.°3

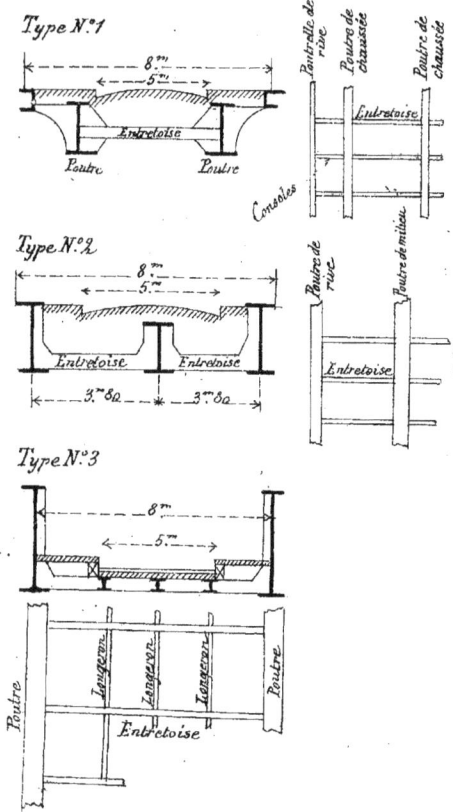

leur raison d'être lors qu'on dispose d'une hauteur suffisante. Le 3ᵉ. lorsqu'on manque de hauteur. Quelque soit celui de ces systèmes que l'on adopte, on trouve toujours que les tabliers sont composés, comme pièces principales, de poutres, d'entre-toises et de longerons. Les dessins ci-contre montrent quelles sont les pièces ainsi dé-nommées, nous n'avons donc à nous occuper que de la recherche des dimensions qu'il faut leur donner pour qu'elles résistent dans les conditions voulues aux forces qui agissent sur elles.

des Poutres. Elles sont à treillis ou à âme pleine.

Nous verrons plus loin comment on étudie les conditions de résistance des premières, ne nous occupons pour l'instant, que des poutres à âme pleine.

Considérons une poutre sous chaussée, elle doit être calculée pour celui des trois cas d'épreuves qui la fatigue le plus : charge uniformément répartie sur le tablier, passage de charrettes, ou passage de chariots. Dans les trois cas, elle est assimilée à un solide reposant sur deux appuis de niveau et soumis, tout d'abord, à l'action d'une charge uniformément répartie (p) par mètre de longueur due au poids de la poutre et de la portion de chaussée qu'elle supporte, puis à l'action de charges variables provenant des divers cas d'épreuve que l'on a à considérer.

Il faudra calculer la poutre pour résister à celle des épreuves qui donne naissance au plus grand moment fléchissant.

Cherchons donc la valeur du plus grand moment fléchissant répondant à chacun de ces cas d'épreuves.

Cas d'une

Cas d'une charge d'épreuve (p') uniformément répartie par mètre de longueur de poutre :

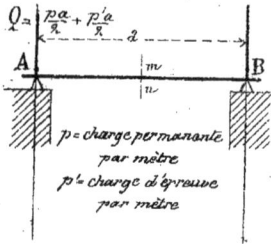

Le moment fléchissant est maximum dans la section milieu et a pour valeur :

$$M_m = p \frac{a^2}{8} + p' \frac{a^2}{8}$$

$Q = \frac{pa}{2} + \frac{p'a}{2}$

p = charge permanente par mètre
p' = charge d'épreuve par mètre

Cas où plusieurs charrettes cheminent de front sur la Chaussée :

Si une seule charrette peut se trouver engagée dans le sens de la longueur, la position la plus défavorable occupée par les charrettes est la position milieu à laquelle répond un moment fléchissant maximum égal à :

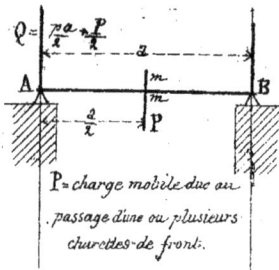

$$M_m = p \frac{a^2}{8} + \frac{Pa}{4}$$

$Q = \frac{pa}{2} + \frac{P}{2}$

P = charge mobile due au passage d'une ou plusieurs charrettes de front.

Cas où plusieurs chariots cheminent de front sur la Chaussée :

Lorsqu'on suppose qu'un seul chariot peut se trouver engagé dans le sens de la longueur, et que la position occupée par les chariots est celle indiquée ci-contre, on trouve pour moment fléchissant dans la section milieu, lequel diffère très peu du plus grand moment fléchissant qui prend réellement naissance.

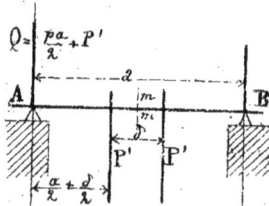

$$M_m = p \frac{a^2}{8} + P' \left(\frac{a . \delta}{4} \right)$$

$Q = \frac{pa}{2} + P'$

Déterminer l'épreuve la plus défavorable
à la résistance revient donc à rechercher le plus
grand des trois facteurs indiqués ci-dessous :

$$p' \frac{a^2}{8} \quad , \quad \frac{Pa}{4} \quad , \quad \text{et} \quad \frac{P'(a-\delta)}{2}$$

Il y a égalité entre le premier et le second
cas d'épreuve lorsque $\left(d = \frac{2P}{p'}\right)$, il y a égalité entre
le premier et le troisième cas d'épreuve lorsque :

$$d = \frac{2P'}{p'} \left(1 + \sqrt{\left(1 - \frac{p'\delta}{p'}\right)}\right)$$

Enfin, il y a égalité entre le second et
le troisième cas lorsque :

$$d = \left(\frac{2P'}{2P'-P}\right) \delta$$

Donc : pour toute valeur de (d) inférieure à
$\left(\frac{2P}{p'}\right)$ la charrette fatigue plus que la charge uniformé-
-ment répartie, de même pour toute valeur de la
portée plus petite que $\left[\left(\frac{2P'}{2P'-P}\right)\delta\right]$ la charrette
fatigue plus que le chariot. Par suite, il est
toujours facile, dans l'hypothèse d'une seule voiture
dans le sens de la longueur, de déterminer le cas
d'épreuve pour lequel il y a lieu de calculer les
dimensions des poutres.

Exemple. - Supposons un pont dont le tablier, formé de 3
poutres, supporte une route présentant une chaussée
ayant 5 mètres de largeur et deux trottoirs de 1m.50

chacun. La portée du tablier étant de 20ᵐ, on demande de déterminer celui des cas d'épreuve pour lequel il y a lieu de calculer la poutre du milieu.

On a tout d'abord :

$$p' = 400 \times 4 = 1600^K, \quad P = 14668^K \text{ et } P' = 11384^K \text{ si l'on admet}$$

que les charrettes ou chariots occupent les positions indiquées ci-contre. Dans ces conditions la charrette fatigue plus que la charge uniformément répartie tant que la portée est plus petite

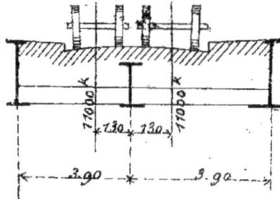

que $(d = \dfrac{2P}{p'} = 18^m 33)$, elle

fatigue plus que le chariot tant que cette portée est plus petite que :

$$\left[\left(\frac{2P'}{2P'-P} \right) \delta = 8.49 \right]$$ et le chariot fatigue plus que

la charge uniformément répartie pour les valeurs de (d) plus petites que $24^m.92$. Donc, jusqu'à $8^m.50$ de portée il faut calculer pour les charrettes, de $8^m.50$ à $24^m.92$ pour l'hypothèse du passage des chariots. Au-delà de $(24^m.92)$ il faut calculer pour l'hypothèse d'une charge uniformément répartie.

Dans le cas considéré, c'est pour le passage des chariots qu'il y aurait lieu de calculer les conditions de résistance de la poutre.

Indiquons maintenant comment on

détermine les dimensions qu'il y a lieu de donner aux poutres pour qu'elles résistent dans les conditions de la Circulaire au cas d'épreuve qui la fatigue le plus. Supposons tout d'abord que ce cas d'épreuve réponde au passage des charrettes.

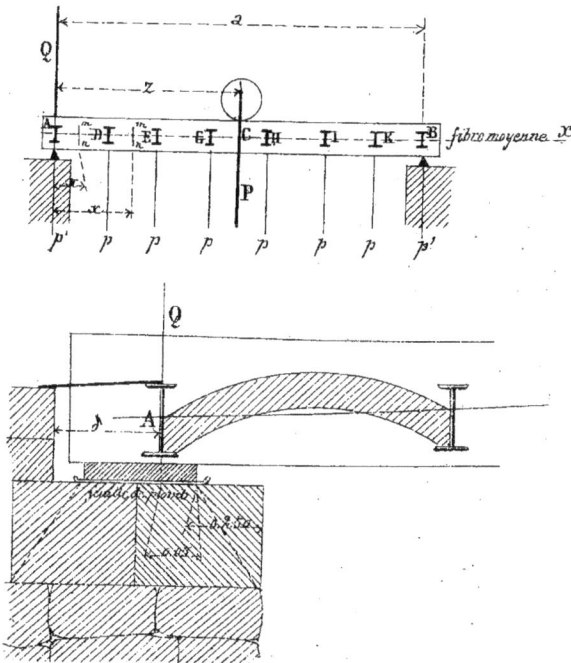

L'intervalle (d), entre les appuis, est presque toujours partagé par les entretoises en un nombre exact (n) de parties égales, nous supposons cette hypothèse réalisé. La pression exercée sur la poutre par les entretoises intermédiaires étant (p) celle exercée par les entretoises extrêmes est une pression (p') qui diffère des premières. On peut admettre généralement que $(p' = \frac{p}{2})$ Dans la disposition indiquée ci-contre, cela n'est pas rigoureusement exact puisqu'une portion de chaussée de longueur (δ) est supportée au moyen de plaques en fer par la dernière entretoise ; mais si (δ) est petit, comparé au demi-intervalle qui sépare deux entretoises consécutives, on peut écrire sans erreur sensible que $(p' = \frac{p}{2})$; c'est ce que nous faisons.

La portée de la poutre est toujours plus grande que la distance qui sépare les culées. En effet, les sabots sur lesquels repose la poutre doivent toujours être placés à une certaine distance du nu des culées, pour que la pression exercée par chaque sabot sur les pierres placées sous lui puisse être répartie par l'intermédiaire de ces pierres, qui sont d'une qualité supérieure à celle des matériaux employés dans la construction du massif, sur une surface des matériaux ordinaires assez grande pour que cette pression ne les écrase pas. Plus les matériaux qui composent le massif sont tendres plus il faut reculer le sabot en arrière du nu de la culée et plus il faut augmenter la hauteur des pierres placées sous les sabots, afin d'augmenter d'autant la surface de répartition des pressions.

La poutre n'appuie pas sur toute la surface du sabot, par suite de la flexion qu'elle subit elle ne porte que sur une certaine longueur que l'on peut évaluer à 0.150 pour les poutres dont la portée est comprise entre 20 et 30^m ;

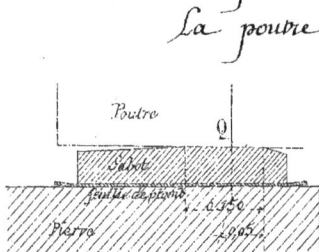

dans ces conditions la résultante des pressions est à
0.05 du bord du sabot. Pour que la pression entre le
sabot et la pierre se répartisse bien uniformément sur
les surfaces en contact on interpose entre ces surfaces
une feuille de plomb. Enfin, le sabot est d'autant plus
épais que la pression qu'il supporte est grande.

Quoiqu'il en soit de ces dispositions nous
pouvons admettre que la portée de la poutre est égale
à l'intervalle entre les culées augmenté d'une quantité
variable avec la position des sabots, mais que nous
pouvons prendre sans bien grande erreur égale à (0.60).

Un cheval ne pèse pas plus de 300 Kilogrammes
dans les limites de portée entre lesquelles il y a lieu de
considérer l'épreuve par charrettes, il n'y a donc pas
à se préoccuper de l'influence exercée par le poids
des chevaux.

L'essieu de la charrette étant à une distance
(Z) de l'appui (A) on trouve pour valeur de la réaction
exercée par cet appui :

$$Q = \frac{P(a-z)}{d} + \frac{(n-1)}{2}\, p + p' + \frac{qd}{2}$$

Si nous représentons par (q) le poids de la
poutre par mètre de longueur. Généralement ce poids
est négligeable lorsqu'on le compare à p, p' et P ; pour
simplifier nos formules nous n'en tiendrons donc pas
compte.

Dans ces conditions, on trouve pour expression
du moment fléchissant :

Entre A et D $\quad \mu = \dfrac{P(a-z)}{a} x + \dfrac{(n-1)}{2} px$.

Le second membre de cette équation atteint sa plus grande valeur en (D) ; on a donc pour expression du moment fléchissant dans cette section :

$$\mu_D = \frac{P(a-z)d}{a\,n} + \frac{pa}{n}\frac{(n-1)}{2} = \frac{P(a-z)}{n} + \frac{pa}{n}\left(\frac{n-1}{2}\right).$$

On trouve de même :

Entre D et E : $\quad \mu = \dfrac{P(a-z)}{a} x + \left(\dfrac{n-3}{2}\right) px + \dfrac{pa}{n}$,

d'où pour valeur du moment fléchissant en E.

$$\mu_E = \frac{P(a-z)2}{n} + \frac{pa}{n}(n-2)$$

Entre E et F on a :

$$\mu = \frac{P(a-z)}{a} x + \left(\frac{n-5}{2}\right) px + \frac{3pa}{n}$$

d'où l'on déduit :

$$\mu_F = \frac{P(a-z)3}{n} + \frac{3pa}{n}\left(\frac{n-3}{2}\right)$$

Enfin, dans le ($m^{ième}$) intervalle, sur lequel est supposé agir la charrette, l'on a, si l'on représente par (P_1) la composante du poids (P) sur l'entretoise de gauche, pour expression du moment fléchissant dans cet intervalle :

$$\mu = \frac{P(a-z)x}{a} - P_1\left(x - \frac{(m-1)a}{n}\right) + px\left(\frac{n-(2m-1)}{2}\right) + \frac{pa}{n}\left(\frac{\frac{m(m-1)}{2}}{1+2+3+\cdots(n-1)}\right)$$

D'où l'on déduit pour valeur du moment fléchissant dans la section contre laquelle est appuyée l'entretoise de Droite.

$$\mu_m = \frac{P(a-z)m}{n} - P_1\,f + \frac{pa}{n}\frac{m(n-m)}{2}$$

L'étude de ces formules montre que la réaction due au poids de la charrette a la même valeur dans les deux cas de chaussée reposant directement

sur la poutre et de chaussée reprenant sur la poutre
par l'intermédiaire des entretoises. Il en est de même
de la réaction due au poids permanent, toutes les
fois que la portée est partagée en un nombre exact
d'intervalles par les entretoises, et que $\left(p' = \dfrac{p}{2} \right)$.

Le moment fléchissant dû au poids de la
charrette a la même valeur dans les deux cas que
nous venons de considérer pour les portions de la
poutre comprises entre les extrémités et les entretoises
qui limitent l'intervalle sur lequel agit la charrette.
Dans cet intervalle, comme dans tous les autres, le
moment fléchissant est représenté par les ordonnées
d'une ligne droite ; sa plus grande valeur a donc lieu
dans l'une des sections extrêmes de l'intervalle.
Supposons la charrette au-dessous de la section extrême
de droite, on aura : $\left[(d - z) = \dfrac{(n-m)a}{n} \right]$, $\left[\delta = 0 \right]$,

d'où l'on déduira pour expression de μ_m :

$$\mu_m = \frac{Pd}{n^2}\left(m(n-m) \right) + \frac{pa}{2n}\left(m(n-m) \right)$$

Quantité devenant maximum pour $\left(m = \dfrac{n}{2} \right)$ et
égale alors à :

$$\mu_m = \frac{Pa}{4} + \frac{npa}{8}$$

Ces relations supposent que (n) est pair.
S'il est impair, la position la plus défavorable occupée par
la charge répond à l'hypothèse de la charrette sur l'une
des entretoises limitant l'intervalle du milieu ; le plus
grand moment fléchissant qui se rapporte à cette posi-
-tion est donc facile à déterminer.

Quelle que soit la disposition adoptée pour faire supporter la chaussée par les poutres, nous savons donc, dans le cas d'épreuve considéré, calculer la valeur du moment fléchissant dans une section quelconque de la poutre et par suite celle de l'effort tranchant, puisqu'ils sont exprimés l'un en fonction de l'autre par la relation :

$$T = \frac{-d\mu}{dx}$$

Voyons maintenant comment, en supposant à la poutre une section constante, on peut déduire de la connaissance de ces quantités, les dimensions qu'il y a lieu de donner aux diverses parties de la section transversale de la poutre. Nous ne disposons à cet effet que des trois relations,

$$R = \frac{\nu\mu}{I} \qquad (1)$$

$$S = \frac{T}{Ie} \int_{y=0}^{y=\frac{c}{2}} y \, d\omega = \text{sensiblement à} : \frac{T}{e\,b}\left(1 + \frac{eb}{12\omega + 2eb}\right) \quad (2)$$

$$Et : \frac{\Omega}{\mu_m} = \text{sensiblement à} : \frac{6}{R\,h}\left[\frac{2\omega + eh}{6\omega + eh}\right] \quad (3)$$

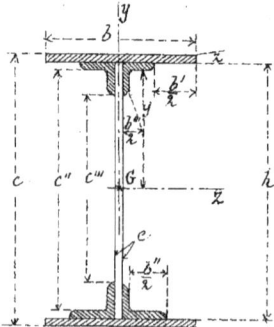

La première de ces équations a une signification qu'il est inutile de rappeler, la seconde permet de vérifier la valeur du glissement longitudinal rapporté à

(ω = Section d'une plate-bande et de 2 cornières)
(Ω = Section de la Poutre _____)

l'unité de surface dans chaque section ; quant à la troisième équation elle donne la valeur du coéfficient économique qui se rapporte au type de poutre adopté.

Le nombre des éléments qui composent la section transversale étant plus grand que trois, le problème est indéterminé. En réalité cette indétermination n'est qu'apparente et voici pourquoi :

La hauteur de la poutre est un élément presque toujours donné par les conditions du problème, l'équation (3) montre que l'on aura intérêt, au point de vue économique, à prendre pour cette hauteur la plus grande valeur possible. L'épaisseur (e) de l'âme ne peut pas descendre au-dessous de certaines limites pratiques données par les conditions de la construction et de l'entretien ; ainsi, pour des valeurs de (h) comprises entre 0.20 et $0^m.50$ on ne descend pas au-dessous de $0^m.007$, de $0^m.50$ à $1^m.00$ l'épaisseur ne descend jamais au-dessous de 0.008, et au-delà on ne prend pas d'épaisseur inférieure à un centimètre. C'est pour éviter une trop grande diminution de résistance du fait de la rouille, et pour ne pas rendre le travail difficile par suite d'un gondolement des surfaces, qu'il ne faut pas prendre trop grand le rapport de la hauteur des pièces à leur épaisseur. La valeur limite de l'épaisseur connue, la formule (2) permet de s'assurer si elle est suffisante dans la section où le glissement longitudinal est maximum, c'est-à-dire dans la section où l'effort tranchant est

le plus grand ; si cette épaisseur répond à un glissement
longitudinal rapporté à l'unité de surface sensiblement
inférieur à la limite pratique qui peut être atteinte
sans aucun inconvénient, on la conserve ; dans le
cas contraire, on calcule celle qui répond à la valeur
de (S) qu'il est prudent de ne pas dépasser et qui
est les deux tiers de (R).

Les dimensions de l'âme connues, on se
sert des équations (1) et (3) pour déterminer celles
qu'il faut donner aux semelles. Lorsque la section
peut être assimilée à celle d'un simple fer à I,
la formule (3) peut être mise sous la forme :

$$\frac{\omega}{\mu_m} = \frac{6}{R \times C}\left[\frac{\beta + \delta(1-r)}{\beta + \delta(1-r^3)}\right]$$

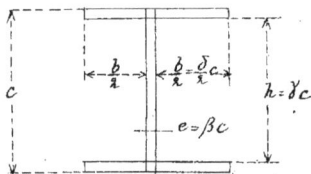

qui permet de discuter
l'influence que les dimensions des plates-bandes
exercent sur le coëfficient
économique de la poutre.
Or, leur épaisseur ne

peut pas descendre au-dessous de certaines limites,
d'autre part il faut que leur longueur soit proportionnée
à la hauteur des poutres, pour que les vibrations
dans le sens horizontal ne soient pas trop grandes ;
il y a donc à rechercher une proportion entre les
dimensions des plates-bandes et la hauteur des
poutres que la pratique des constructions peut
seule déterminer. Aussi la marche généralement

suivie pour résoudre cette question consiste-t-elle à se donner par comparaison avec des poutres existantes, et soumises à des efforts autant que possible identiques à ceux que l'on a à considérer, les dimensions générales de la section, en ne conservant comme inconnue que l'épaisseur des plates-bandes. On se sert alors des formules relatives aux coëfficients économiques pour choisir, parmi les poutres de même hauteur, celle dont le profil est le plus avantageux, et l'on cherche par la formule (I) l'épaisseur qu'il faut donner aux plates-bandes pour que dans la section, où le moment fléchissant est maximum, la plus grande tension ou compression des fibres ne dépasse pas la limite (R) qui se rapporte à la matière qui compose les poutres dont on vérifie les conditions de résistance.

Le moment d'inertie de la section en I composé a pour expression :

$$I = \frac{1}{12}\left[b c^3 - (b'b^3 + b''c'^3 + b''c''^3)\right] \text{ sensiblement à : } I_o + \frac{b z h^2}{2}$$

en représentant par (I_o) le moment d'inertie de l'âme et des cornières.

La distance $\left(\frac{v}{2}\right)$ a pour valeur $\frac{c}{2} = \frac{h}{2} + z$.

L'épaisseur inconnue (z) à donner aux plates-bandes résulte donc de la relation :

$$z = \left(\frac{\dfrac{\mu_m h}{R} - 2 I_o}{b h^2 - \dfrac{2\mu_m}{R}}\right)$$

dans laquelle (μ_m) représente la plus grande valeur du moment fléchissant, et (R) l'effort limite d'extension ou de compression rapporté à l'unité de surface auquel on peut soumettre les fibres de la matière composant la poutre.

Il peut arriver que l'on trouve pour (z) une valeur négative. Cette solution indique alors que la poutre, sans ses plates-bandes, est plus que suffisante pour résister aux forces qui agissent sur elle. Cette solution se rencontre quelquefois dans les poutres extrêmes des tabliers, dites poutres de rives, dont la hauteur est souvent plus grande que celle des poutres intermédiaires, quoiqu'elles aient à résister à des charges beaucoup moins considérables. Pour ces poutres on pourrait donc à la rigueur, si on ne tenait compte que de la résistance dans le sens transversal, supprimer les plates-bandes. Cependant on ne le fait pas parce qu'il faut tenir compte de la rigidité du pont dans le sens perpendiculaire à l'axe du tablier, et que pour éviter des déformations dans ce sens il faut donner aux plates-bandes une largeur minimum au-dessous de laquelle il n'est pas possible de descendre. Si l'on détermine les dimensions de ces poutres par comparaison, le calcul de résistance se réduit alors à rechercher la tension ou compression (R) des fibres extrêmes de la section la plus fatiguée.

Il peut arriver, à l'inverse de ce que

nous venons de dire, que l'on trouve dans la section
où (μ) est maximum, une épaisseur des plates-
bandes plus grande que douze millimètres. Il y a
intérêt alors, au point de vue économique, à ne donner
aux diverses sections que l'épaisseur de plate-bande
strictement nécessaire pour que dans aucune d'elle
la valeur de (R) ne dépasse la limite qui se rapporte
à la matière composant la poutre considérée. Or, il
n'est pas possible d'avoir une plate-bande ayant
des épaisseurs variables, de plus il n'est pas possi-
-ble de fixer aux cornières des plates-bandes d'une
épaisseur beaucoup plus grande que celle donnée à
ces cornières ; il faut donc, lorsqu'on trouve (z)
plus grand que neuf à douze millimètres, composer
les plates-bandes de plusieurs feuilles superposées
ayant chacune, à l'exception de la dernière, qui peut
être un peu plus ou un peu moins épaisse, l'épaisseur
donnée aux cornières. Et il est évident, si l'on ne
veut pas dépenser inutilement du métal, qu'il ne
faut donner à chaque plate-bande que la longueur
strictement nécessaire pour que dans aucune section
de la poutre, la valeur de (R) ne dépasse la limite
donnée ; pour atteindre ce but, voici comment on
opère :

L'on calcule les valeurs de ($\frac{R\,I}{v}$) répondant
aux diverses sections supposées avoir une, deux,
trois .... plates-bandes, en donnant à (R) la valeur
limite qu'il ne faut pas dépasser. Les résultats

de ces calculs représentent les valeurs successives que
le moment fléchissant peut atteindre lorsqu'on s'im-
-pose la condition que dans les diverses sections de
la poutre supposées avoir une, deux ...... plates-bandes,
la fatigue des fibres extrêmes ne dépasse pas (R)
kilogrammes. Les diverses valeurs de $\left(\frac{RI}{v}\right)$ obtenues,
il est facile de trouver algébriquement les abscisses
qui limitent les sections extrêmes de chaque feuille,
au moyen des formules donnant le moment fléchissant
dans ces sections. Le procédé graphique qui suit

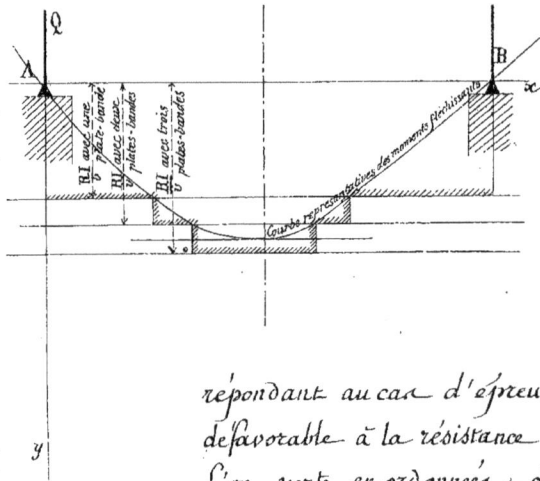

limite les
longueurs de
ces feuilles
d'une manière
encore plus
simple.

L'on trace
l'épure des
moments
fléchissants

répondant au cas d'épreuve le plus
défavorable à la résistance de la poutre.
L'on porte en ordonnée, à la même
échelle que les moments fléchissants,
les diverses valeurs de $\left(\frac{RI}{v}\right)$ répondant
aux diverses hypothèses de la section sup-
-posée avoir une, deux ...... plates-bandes. L'on mène
par les extrémités des ordonnées ainsi obtenues des

parallèles à l'axe des (x), et l'on obtient par
leurs rencontres avec la courbe des moments fléchis-
santes les abscisses des sections limitant les extrémités des diverses plates-bandes.

    Lorsque les poutres doivent être calculées
pour résister à l'épreuve par chariot ou bien à
celle du poids mort uniformément réparti, on peut,
sans erreur sensible, admettre que la charge permanente et la charge roulante agissent directement
sur elles. Ce fait résulte de la discussion des formules
relatives au calcul des poutres pour l'hypothèse de la
charrette, et de ce que l'on ne calcule pour les chariots
que si la portée dépasse un nombre que l'on trouve
généralement plus grand que (10) mètres. Lorsqu'on
considère l'épreuve par chariot, il faut trouver tout
d'abord, comme précédemment, la position du véhicule
donnant lieu au plus grand moment fléchissant et
l'expression du moment fléchissant maximum répondant
à cette position.

    Voyons donc à déterminer la position
la plus défavorable à la résistance occupée par
un ou plusieurs chariots cheminant de front sur
la chaussée pour une poutre dont nous supposons
la portée égale à (a).

    Représentons par (z) la distance des
premiers essieux à l'appui (A). On trouve pour
expression des réactions aux appuis :

$$Q_1 = p\frac{a}{2} + \frac{P}{a}(2z + \delta)$$

$$Q_0 = p\frac{a}{2} + \frac{P}{a}(2a - 2z - \delta)$$

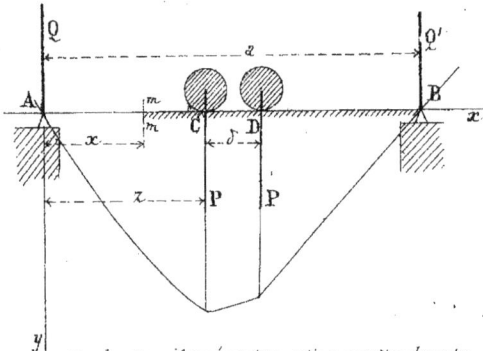

p = charge uniformément repartie par mètre de poutre.
P = charge distincte due à chacun des essieux.

Et pour expression du moment flé-chissant dans une section quelconque (mm) de la portion de pièce (AC):

$$\mu = -p\frac{x}{2}(a-x) - \frac{2Px}{a}(\delta + z - \frac{\delta}{2})$$

Ce moment est maximum pour $(x = z)$ tant que (z) est plus petit que $(\frac{a}{2})$.

En cherchant la valeur de (z) qui rend ce maximum le plus grand possible, on trouve:

$$z = \frac{a(4P + pa) - 2P\delta}{2(4P + pa)} = \left(\frac{a}{2} - \frac{P\delta}{4P + pa}\right).$$

Or cette quantité est plus petite que $(\frac{a}{2})$, elle répond donc bien à la position la plus défavorable que le Chariot peut occuper ?

Cette position connue, on détermi-ne sans aucune difficulté, et en suivant une marche en tout identique à celle indi--quée pour l'hypothèse où c'est une char--rette qui circule sur le pont, les dimensions qu'il faut donner aux diverses parties de la poutre.

Lorsqu'on donne aux poutres une section constante, on peut déterminer les déformations qui seront subies par la fibre moyenne en faisant usage des formules éta--blies dans le cours de résistance. Mais lorsque la section donnée aux plates-bandes n'est pas constante, il n'est plus possible de se servir de ces formules.

Pour apprécier les déformations que les poutres subiront on en fait néanmoins usage, en supposant aux poutres une section égale à la moyenne arithmétique de la plus grande et de la plus petite. Il est bien évident que les résultats ainsi obtenus ne sont alors qu'approximatifs.

Des Entretoises.

Des Entretoises.

Elles sont assimilables, suivant la disposition adoptée pour les attacher aux poutres, et suivant qu'elles réunissent ensemble deux poutres ou bien une poutre et une culée dans le cas de pont biais, à des solides placés dans les conditions suivantes :

Solide reposant librement par ses extrémités sur deux appuis de niveau, soumis à l'action d'une charge uniformément répartie sur toute sa longueur et à celle d'un certain nombre de forces transversales.

Solide reposant librement par ses extrémités sur deux appuis de niveau, soumis à l'action d'une charge uniformément répartie sur toute sa longueur et à celle d'une autre charge uniformément répartie sur une partie seulement de sa longueur.

Solide encastré horizontalement par ses extrémités, et soumis à l'action de forces identiques à celles que nous venons d'énumérer.

Enfin, solide encastré horizontalement par une extrémité, reposant librement par l'autre sur un appui, et soumis à l'action des mêmes forces.

Indiquons sommairement comment on détermine les dimensions qu'il faut donner aux entretoises.

Lorsqu'on veut être assuré des conditions de résistance de ces pièces, il faut leur donner une section constante. Supposons cette condition remplie. Pour calculer leurs dimensions, il suffit alors de déterminer, dans chaque cas qui se présente, les plus grandes valeurs du moment fléchissant et de l'effort tranchant qui prennent naissance. La faible longueur relative de ces solides et l'incertitude qui règne souvent, comme nous le démontrerons plus loin, sur les conditions exactes de résistance pour lesquelles il y a lieu de les calculer, sont les raisons qui conseillent de donner aux entretoises la même section sur toute leur longueur.

Sauf le cas où le tablier du pont est formé de deux poutres uniques, réunies par des entretoises, la longueur donnée à ces pièces dépasse rarement (3 m), il n'y a donc pas lieu de considérer ces solides comme soumis à plus de deux forces transversales. Dans le cas de deux poutres uniques, plusieurs charrettes peuvent, il est vrai, se trouver placées simultanément sur une même entretoise, mais comme il n'est pas possible, dans ce cas, de les considérer comme encastrées à leurs extrémités, qu'il est plus prudent de les supposer simplement appuyées et enfin, comme le calcul du plus grand moment fléchissant qui prend alors naissance ne présente aucune difficulté, nous admettrons dans les exemples qui suivent que la pièce n'est soumise qu'à l'action de deux forces transversales.

Lorsque la chaussée est formée de madriers en bois reposant directement sur les pièces de pont, la pression produite par les roues des charrettes ou des chariots peut être considérée comme s'exerçant directement sur les entre- toises. Lorsqu'on a une chaussée empierrée supportée par des voûtes en briques il n'en est plus ainsi ; la pression exer-

cée sur la chaussée par une roue se trouve uniformément répartie sur une longueur d'entretoise égale à la distance des faces extérieures de cette roue augmentée d'au moins deux fois la hauteur (h) de la chaussée au-dessus des plates-bandes infé- rieures des entretoises.

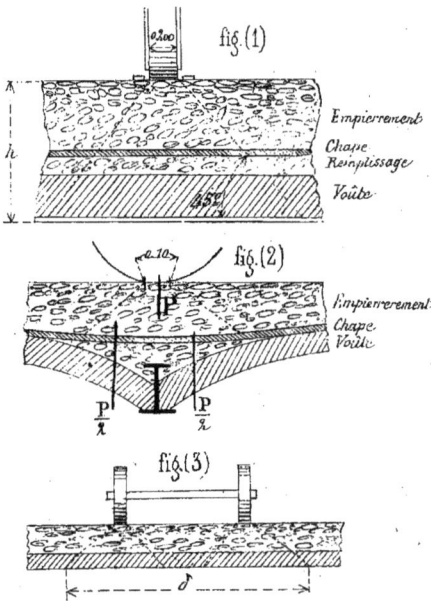

fig. (1)

Empierrement
Chape
Remplissage
Voûte

fig. (2)

Empierrement
Chape
Voûte

$\frac{P}{2}$ P $\frac{P}{2}$

fig. (3)

δ

Dans nos calculs nous admettrons deux fois (h), c'est- à-dire, que nous supposerons un angle de répartition de 45°.

Lorsque l'écartement des roues montées sur un même essieu est grand et que la hauteur (h) est

petite, les bases des pyramides de répartition ne se ren-
-contrent pas ; nous ferons abstraction de ce cas, et
nous admettrons que la répartition des deux roues
se fait d'une manière uniforme sur la longueur δ.
(Voyez f (3)).

Dans le cas de chaussée empierrée toute
la pression exercée par une roue sur la chaussée n'est
pas transmise à l'entretoise placée sous l'axe de l'essieu
des roues. Cette pression se répartit à droite et à
gauche de l'entretoise sur une certaine longueur de la
chape des voûtes, d'où il résulte qu'une partie de
cette pression est reportée par ces voûtes sur l'entretoise
qui suit et sur celle qui précède le solide considéré.
Mais comme il n'y a aucun inconvénient, lorsqu'il
y a incertitude, à calculer les pièces pour résister à
des efforts un peu plus considérables que ceux qui
prennent réellement naissance, nous supposerons
toujours, dans ce qui suit, que l'entretoise supporte
toute la pression exercée sur la chaussée par la roue
située au-dessus d'elle. Dans ces conditions, l'assimi-
-lation des entretoises aux pièces considérées dans la
théorie de la flexion plane se résume dans les quelques
exemples développés ci-après :

1° Pièce reposant librement sur deux appuis de niveau (A et B), soumise à
l'action d'une charge uniformément répartie (p) par mètre de longueur,
et à celle d'une charge distincte (P).

La position la plus défavorable occupée par

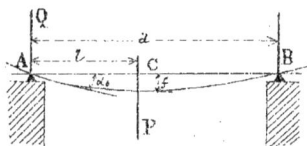

la charge est la position milieu. A cette position correspond un moment fléchissant maximum dont la valeur, dans cette section milieu, a pour expression:

$$\left(\mu_m = p\frac{a^2}{8} + P\frac{a}{4}\right).$$ La réaction exercée par chaque appui est égale à $\left(Q = p\frac{a}{2} + \frac{P}{2}\right)$. l'inclinaison de la fibre moyenne à l'origine a pour valeur:

$$\alpha_0 = \frac{1}{EI}\left(p\frac{a^3}{24} + 0.0625\, P a^2\right).$$ Quant à la flèche prise par la pièce, elle a pour expression:

$$f = \frac{1}{EI}\left[\frac{5}{8}\, p\frac{a^4}{48} + \frac{P a^3}{48}\right].$$

L'inclinaison à l'origine (α_0) atteint sa plus grande valeur pour $(l = 0.423\, a)$ et elle est alors égale à $$\alpha_0 = \frac{1}{EI}\left[p\frac{a^3}{24} + 0.064\, P a^2\right].$$

2° La même pièce encastrée horizontalement à ses extrémités supposées placées sur une même horizontale.

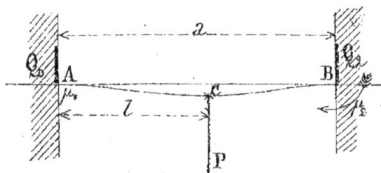

La section pour laquelle le moment fléchissant atteint sa plus grande valeur, est l'une des sections d'encastrement. Le moment fléchissant est maximum dans la section

(B), lorsque la charge occupe une position déterminée par la relation ($L = \frac{2}{3} a$). Les valeurs correspondantes du moment fléchissant et de l'effort tranchant sont :

$$Q_2 = p\frac{a}{2} + \frac{20}{27} P \qquad et \qquad \mu_2 = p\frac{a^2}{12} + \frac{4}{27} Pa .$$

Lorsque la charge est placée sur le milieu de la portée, on trouve :

$$\mu_2 = \mu_0 = p\frac{a^2}{12} + \frac{Pa}{8} \qquad \mu_1 = \text{moment fléchissant dans}$$

la section milieu $= - p\frac{a^2}{24} - \frac{Pa}{8} .$

Efforts tranchants : Q_0 et $Q_2 = p\frac{a}{2} + \frac{Pa}{2} .$

Et flèche au milieu de la longueur :

$$f = \frac{1}{EI} \left[\frac{1}{8} \left(p\frac{a^4}{48} \right) + \frac{1}{4} \left(\frac{Pa^3}{48} \right) \right]$$

3° Pièce reposant librement sur deux appuis de niveau (A et B), soumise à l'action d'une charge uniformément répartie (p) par mètre de longueur et à celle de deux charges distinctes égales (P), à une distance (δ) l'une de l'autre.

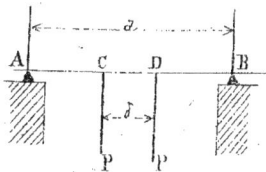

Nous avons étudié les conditions de résistance d'une pièce placée dans ces conditions en parlant du calcul des poutres .

4°.

4°. La même pièce encastrée horizontalement par ses extrémités supposées placées sur une même horizontale

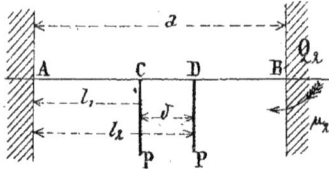

La section la plus fatiguée est l'une des sections d'encastrement. La position la plus défavorable occupée par les deux pressions (P) est, pour la section (B), celle donnée par la relation:

$$\ell = \frac{2a - 3\delta + \sqrt{4a^2 - 9\delta^2}}{6}$$

Les valeurs du moment fléchissant et de l'effort tranchant dans la section (B), répondant à une position quelconque des charges, sont :

$$\mu_2 = \frac{pa^2}{12} + \frac{P}{a^2}\left(a\left(\ell_2^2 + \ell_1^2\right) - \left(\ell_2^3 + \ell_1^3\right)\right)$$

et

$$Q_2 = \frac{pa}{2} + \frac{2P}{a^3}\left[\frac{3a}{2}\left(\ell_2^2 + \ell_1^2\right) - \left(\ell_2^3 + \ell_1^3\right)\right]$$

Lorsque les charges occupent la position milieu de la portée, que $\left(\ell_1 = \frac{a}{2} - \frac{\delta}{2}\right)$, il vient :

$$\mu_2 = \frac{pa^2}{12} + \frac{P}{4a}\left(a^2 - \delta^2\right) = \frac{pa^2}{12} + \frac{P(a-\delta)}{2}\left[\frac{a+\delta}{2a}\right]$$

La même pièce reposant librement sur ses appuis supposés de niveau, on a trouvé :

$$\mu = \frac{pa^2}{8} + \frac{P(a-\delta)}{2}$$

5°.

5° Pièce reposant librement sur deux appuis de niveau (A et B), soumise à l'action d'une charge uniformément répartie (p) par mètre sur toute la longueur de la poutre ; et à l'action d'une charge uniformément répartie (p') par mètre sur une longueur (δ).

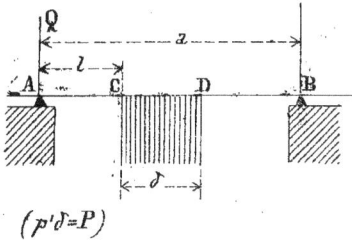

Lorsque la charge additionnelle se trouve sur le milieu de la poutre, la section la plus fatiguée est la section milieu pour laquelle le moment fléchissant atteint une valeur égale à

$$\mu_m = \frac{p a^2}{8} + \frac{P}{4} \left(d - \frac{\delta}{2} \right)$$

$(p'\delta = P)$

Quant à la plus grande valeur de l'effort tranchant ; elle a pour expression : $Q = \frac{p a}{2} + \frac{P}{2}$

6° La même pièce encastrée horizontalement par ses extrémités supposées de niveau.

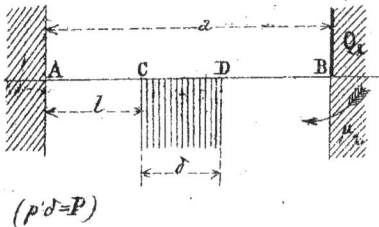

La section la plus fatiguée est l'une des sections d'encastrement (A ou B). En (B) le moment fléchissant et l'effort tranchant ont respectivement pour expressions :

$(p'\delta = P)$

$$\mu_2 = \frac{pa^2}{12} + \frac{F}{a^2}\left[l^2\left(a - l - \frac{3}{2}\delta\right) + l\left(a\delta - \delta^2\right) + \frac{a\delta^2}{3} - \frac{\delta^3}{4}\right]$$

$$Et \quad Q_2 = \frac{pa}{2} + \frac{2F}{a^3}\left(l^2\left(\frac{3d}{2} - l - \frac{3}{2}\delta\right) + l\left(\frac{3a\delta}{2} - \delta^2\right) + \delta^2\left(\frac{a}{2} - \frac{\delta}{4}\right)\right)$$

Quant à la position de la charge qui rend le moment fléchissant (μ_2) maximum, elle est donnée par la relation :

$$l = \left[\frac{d}{3} - \frac{\delta}{2} + \sqrt{\frac{d^2}{9} - \frac{\delta^2}{12}}\right]$$

7° Pièce encastrée à une extrémité sous un angle (α_0), reposant librement à l'autre extrémité sur un appui à une distance (y_2) de l'horizontale passant par l'origine, soumise à l'action d'une charge uniformément répartie (p) par mètre de longueur, et à celle d'une charge distincte (P).

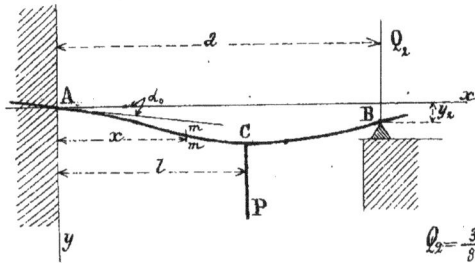

La section de la pièce étant constante, on trouve pour expression de la réaction (Q_2), exercée par l'appui (B) :

$$Q_2 = \frac{3}{8}pa + P\frac{l^2(3a-l)}{2a^3} - \frac{3EI}{a^3}(y_2 - \alpha_0 a)$$

Cette réaction connue on en déduit sans difficulté aucune les valeurs du moment fléchissant dans les diverses sections des portions de pièce (AC) et (BC).

Supposons, comme cas particulier, x_2 et y_2 nuls, il viendra :

réaction en B : $\quad Q_2 = \dfrac{3}{8}\, pa + F\, \dfrac{l^2\,(3a - l)}{2a^3}$

Expression du moment fléchissant entre A et C :

$$\mu = -p\,\frac{(a-x)}{2}\left(x - \frac{a}{4}\right) - \frac{P}{2a^3}\left[\, l\left(l\,(3a^2 - al) - 2a^3\right) - x\left[l^2(3a-l) - 2a^3\right]\right]$$

d'où l'on déduit pour valeur du moment fléchissant en A :

$$\mu_A = +\,p\,\frac{a^2}{8} + \frac{F}{2a^2}\left(2a^2 l - l^2\,(3a - l)\right)$$

quantité atteignant son maximum pour $l = 0.423\; a$

Quant au moment fléchissant en C, il a pour expression :

$$\mu_C = -\frac{P}{2}\,(a - l)\left(l - \frac{a}{4}\right) - \frac{Fl^2}{2a^3}\left((3a - l)\,(a - l)\right)$$

Lorsqu'on a comme cas encore plus parti-culier $(p = 0)$ et $\left(l = \dfrac{a}{2}\right)$, il vient :

$$Q = \frac{5}{16}\,F \qquad \mu_A = \frac{6}{32}\,Fa \qquad \mu_C = -\frac{5}{32}\,Fa\,.$$

L'examen de ces diverses formules montre l'intérêt qu'il y a d'encastrer les entretoises. L'encas-trement répond, en effet, dans les mêmes conditions d'action de forces, un moment fléchissant maximum beaucoup plus faible, par suite, une section transversa-le du solide sensiblement moins grande. De plus, les déformations subies par les pièces encastrées sont bien moins considérables que celles éprouvées par les mêmes solides supposés simplement appuyés sur leurs appuis, et soumis à l'action des mêmes forces.

Mais comme pour encastrer il faut

adopter une disposition d'attache des entretoises aux poutres qui réalise cette hypothèse, il peut arriver que l'écono- mie de poids faite sur la pièce de pont soit plus que compensée par l'excédant de dépense qui résulte des modifications apportées aux assemblages. Il ne faudra donc encastrer que lorsqu'on y aura un intérêt économique, ou bien que les dispositions d'assemblage adoptées pour répondre à des conditions de rigidité permettront, moyennant de faibles modifications, de réaliser cette hypothèse, ou enfin, lorsqu'il sera essentiel d'avoir des pièces de pont se déformant aussi peu que possible sous le passage des charges.

L'encastrement est réalisé lorsque l'inclinaison de la fibre moyenne, dans la section d'encastre- ment, ne change pas malgré l'action des forces qui agissent sur la pièce de pont. Il faut, à cet effet, que les diverses par- ties de l'assembla- ge qui entourent la portion d'entre- toise comprise entre l'extrémité et la

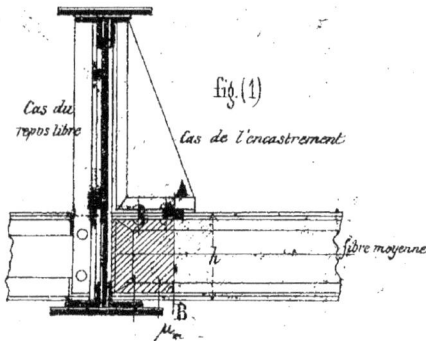

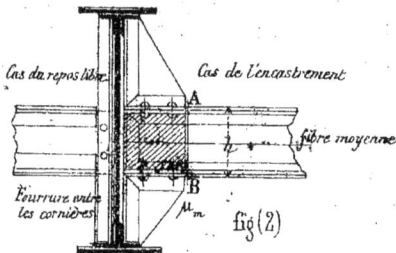

Cas du repos libre   Cas de l'encastrement

fig. (1)

fibre moyenne

Cas du repos libre   Cas de l'encastrement

fibre moyenne

fourrure entre les cornières

fig (2)

section d'encastrement, exercent sur elle un ensemble d'efforts ayant pour équivalente un couple, égal au moment fléchissant dans cette section d'encastre- -ment, et une force unique, verticale, égale à l'effort tranchant dans la même section.

Il est toujours facile de résister à la composante verticale, quant au couple, il est produit par des forces exercées sur les plates- bandes, dont les composantes suivant leurs surfaces empêchent la partie supérieure de l'entretoise de s'éloigner de l'âme de la poutre, et la partie inférieure de s'en rapprocher Ces deux groupes de forces doivent être égaux, mais opposés de direction, et si (S) est l'effort total qui s'oppose au glissement sur chaque plate-bande, on doit avoir :

$$(S \times h = \mu_m)$$

d'où : $\left(S = \dfrac{\mu_m}{h} \right)$

Cette force (S) ne pouvant être produite que par l'adhérence qui existe entre la surface des plates-bandes et des goussets, il faut pour effectuer cette fonction, un nombre de rivets donné par la relation :

$$n = \frac{\pi d^2}{4} . R_{ci} = S = \frac{\mu_m}{h}$$

d'où : $n = \dfrac{\mu_m}{\dfrac{\pi d^2}{4} . h . (R_a = 3 \times 10^6)}$

Le diamètre (d) étant généralement déterminé par la condition que (d = 2 fois épaisseur de plate-bande), il en résulte que cette équation donne le nombre de rivets qui réunissent les goussets à l'entretoise, et par suite détermine les dimensions de ces goussets.

Le couple (μ_m) n'est pas seulement équilibré par le moment des forces qui s'opposent au glissement des plates bandes contre les surfaces des corps qui les entourent, il l'est aussi, en partie, par les composantes verticales des réactions de ces corps; mais comme ces composantes sont difficiles à évaluer, et qu'en attribuant aux seules composantes de glissement la possibilité d'équilibrer le couple (μ_m) on ne peut être conduit qu'à exagérer un peu les dimensions des goussets, ce qui ne peut pas présenter d'inconvénient sérieux, nous croyons prudent de suivre la méthode de calcul que nous venons d'indiquer.

La section d'encastrement ne doit pas être prise passant par le bord des goussets, parceque ces bords peuvent fléchir; il est préférable de prendre pour partie de l'entretoise la distance entre les sections de cette pièce placées au milieu de la longueur des goussets. Lorsque l'entretoise est comme dans la f. (1) portée par la partie inférieure de la poutre, qu'elle appuie directement sur les cornières et qu'elle est rivée aux plates-bandes par l'intermédiaire de calles assurant un bon contact entre les surfaces, on peut prendre la section d'encastrement au nu des faces de ces plates-bandes. Dans tous les cas il est essentiel de fixer la partie inférieure de la pièce de pont aux goussets ou aux poutres par le même nombre de rivets qu'à la partie supérieure, et cela parcequ'il ne faut pas compter pour résister au glissement de cette partie inférieure de l'entretoise, sur la réaction de l'âme ou de l'aile verticale de la cornière contre laquelle elle est appuyée; ces réactions ne peuvent se produire que lorsqu'il existe un contact mathématique entre les surfaces au moment du montage, contact qu'il est bien difficile d'assurer.

Pour que les cornières horizontales des goussets résistent à l'effort de glissement que nous avons indiqué, il faut que les cornières verticales soient attachées aux poutres par un nombre suffisant de rivets. Si l'on admet que ces derniers sont soumis à des tensions variant suivant les ordonnées d'une ligne droite, depuis (0), pour le premier rivet extrême, jusqu'à 6 kilogrammes pour le rivet le plus près des cornières horizontales, on aura ces rivets soumis à une tension moyenne de 3 kilogrammes par millimètre carré de section; d'où la conclusion, que le nombre de rivets réunissant les cornières verticales à la poutre, doit être égal au nombre de rivets réunissant les cornières horizontales à l'entretoise.

En résumé, pour encastrer il faut remplir deux conditions. Il faut fixer les entretoises à des poutres dont l'âme, en se déformant, reste toujours dans un même plan vertical, puis il faut assembler les entretoises aux poutres au moyen de goussets de dimensions plus ou moins grandes, et par suite d'un poids plus ou moins considérable.

La première de ces conditions n'est pas toujours rigoureusement remplie. Pour les entretoises qui réunissent les poutres intermédiaires on peut admettre que, même dans le cas de pont avec madriers en bois, les poutres en se déformant restent dans un même plan vertical, mais cette hypothèse ne peut plus être faite pour les poutres de rive de ces mêmes ponts légers, surtout lorsque les entretoises sont portées par les parties inférieures des poutres. On admet, en effet,

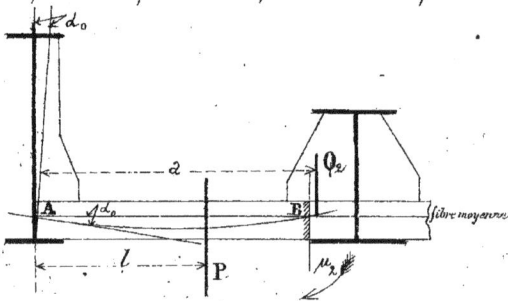

qu'elles peuvent légèrement s'incliner vers l'intérieur au moment du passage de lourdes charges; la fibre moyenne de l'entretoise n'est donc plus assujettie du

côté de ces poutres, à rester horizontale, elle peut être amenée à faire, à un moment donné, un angle (α_0) avec sa direction primitive. Mais si l'on remarque que l'effet de cette inflexion est de faire naître dans la section (B) des effets intérieurs ayant pour équivalentes un couple et une force unique égaux à :

$$\mu_2 = \frac{pa^2}{12} + \frac{Pl^2}{a^2}(a-l) + \frac{2EI\alpha_0}{a} \quad \text{et} \quad Q_2 = \frac{pa}{2} + \frac{Pl^2}{a^3}(3a-2l) + 6EI\frac{\alpha_0}{a^2}$$

qui sont d'autant plus grands que (α_0) est grand, et diminuent, par suite d'autant le moment fléchissant et l'effort tranchant du côté de la poutre de rive, on reconnaît que puisqu'il est nécessaire pour maintenir la poutre fléchie d'avoir un moment fléchissant en A, que plus la poutre est infléchie moins ce moment fléchissant est grand, il doit arriver que l'équilibre existera lorsque le moment fléchissant en (A) aura diminué environ de moitié, et que par contre celui en B aura augmenté de la même quantité.

L'incertitude qui règne sur la grandeur du plus grand moment fléchissant qui prend naissance dans ce cas est en somme peu importante puisqu'on peut toujours le calculer pour une hypothèse extrême répondant à une valeur plus grande que celle qu'il y a réellement lieu de considérer. Cette manière d'opérer exige par contre, que la section donnée à la poutre soit constante; parceque l'incertitude qui règne alors sur la plus grande valeur absolue de ce moment fléchissant règne aussi sur la position de la section où il est maximum.

Quoiqu'il en soit, nous savons déterminer dans la plupart des cas qui peuvent se présenter, les valeurs du plus grand effort tranchant et du plus grand moment fléchissant auxquels l'entretoise peut avoir à résister; nous pouvons donc déterminer les dimensions qu'il y a lieu de donner à la pièce en suivant une marche en tout semblable à celle indiquée pour le calcul des poutres et en nous servant des mêmes trois équations relatives à l'extension, au glissement longitudinal et au coefficient économique.

La section donnée aux fers est celle d'un double I. Ces fers sont composés ou laminés, et dans ce dernier cas, ils sont fers à I ordinaires ou fers à larges ailes. La plus grande hauteur économique des fers laminés ne dépasse pas 0ᵐ250 à 0ᵐ300, ils ne peuvent donc être employés que pour des portées au plus égales à 3ᵐ, et comme en général pour cette portée il n'y a pas économie à encastrer, ces fers se calculeront presque toujours pour l'hypothèse du repos libre. Si cependant on était conduit à les encastrer il faudrait faire usage de fers à larges ailes afin de pouvoir les river aux goussets, or comme ces fers sont plus coûteux que les fers plats et fers communs ordinaires, il faut toujours s'assurer avant de les employer s'il n'est pas plus économique de faire usage de fers composés.

Les dimensions à donner aux entretoises se déterminent presque toujours par comparaison avec des types existant, cette méthode de calcul permet de choisir facilement le profil le plus économique. Pour les petites parties lorsqu'on fait usage de fers laminés, on trouve dans les tableaux des moments résistants des fers publiés par les forges, tous les éléments qui permettent de choisir le type le plus avantageux; pour les fers composés, on y arrive par comparaison avec des entretoises de ponts déjà construits ou en faisant usage des tableaux des moments résistants que peuvent présenter les divers profils de ces fers.

Ponts pour routes à plusieurs travées.

Les dimensions à donner aux entretoises de ces

ponts se déterminent en suivant une marche en tout identique
à celle que nous venons d'indiquer pour les entretoises des
ponts à une seule travée. Les longerons se calculent comme
les entretoises, plus simplement même puisqu'il n'y a
jamais lieu de les supposer encastrés à leurs extrémités;
nous n'avons donc à nous occuper ici que du calcul des
dimensions à donner aux poutres. — Supposons tout d'abord
leur section constante.

Pour déterminer cette section il
nous faut connaître la plus grande
valeur absolue du moment fléchissant
ainsi que celle de l'effort tranchant.
Ces éléments déterminés nous pourrons
au moyen de trois formules $(R = \frac{vu}{I})$,
(Glissement longitudinal=) et (coëfficient
économique=) calculer les diverses parties
de la section transversale qui répond
à la poutre la plus économique en

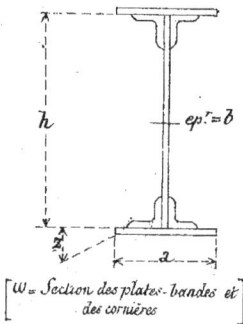

[w = Section des plates-bandes et
des cornières]

égard aux conditions pratiques du problème, qui imposent
souvent une valeur de (h) et des dimensions relatives,
entre les diverses parties de la poutre, que l'on est obligé
d'adopter. Mais comme la marche à suivre pour exécuter
ces calculs est connue, nous n'avons plus qu'à indiquer
la méthode la plus simple pour déterminer les plus grandes
valeurs du moment fléchissant et de l'effort tranchant.

1° Calcul du

1º Calcul du moment fléchissant et de l'effort tranchant dans chaque section.

Hypothèses. — Section constante dans une même travée, charge uniformément répartie constante dans une même travée, pas de charges distinctes.)

La recherche de la valeur du moment fléchissant dans chaque section se fait comme suit :

La formule :

$$\frac{4l_1}{EI_1}\mu_0 + 8\left(\frac{l_1}{EI_1} + \frac{l_2}{EI_2}\right)\mu_1 + 4\frac{l_2}{EI_2}\mu_2 = \frac{p_1 l_1^3}{EI_1} + \frac{p_2 l_2^3}{EI_2} - 24\left(\frac{y_1}{l_1} - \frac{y_2}{l_2}\right) \quad (1)$$

détermine, en l'appliquant successivement à deux travées consécutives, et en remarquant que les moments fléchissants au droit des appuis extrêmes sont

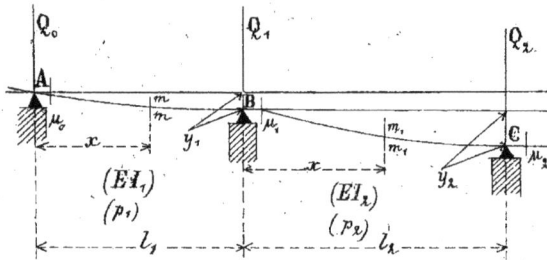

nuls, les valeurs de :

$$\mu_1, \quad \mu_2, \quad \mu_3, \quad \dots$$

Ces valeurs calculées, on a le moment fléchissant dans une section quelconque de la première travée, par la formule :

$$\mu = \frac{p_1 x^2}{2} - \left(\frac{p_1 l_1^2}{2} + \mu_0 - \mu_1\right)\frac{x}{l_1} + \mu_0 \quad (2)$$

Et l'effort tranchant, par la relation :

$$T = -\frac{d\mu}{dx} = \frac{p_1 l_1}{2} + \frac{\mu_0 - \mu_1}{\ell_1} - p_1 x \qquad (3)$$

En augmentant les indices des lettres, dans les formules (2) et (3), successivement de une, deux, trois unités, on aura les valeurs de (μ) et de (T), dans les seconde, troisième, quatrième....... travées.

Quant à la réaction des appuis, elle résulte des relations :

$$Q_0 = T_0 \quad , \quad Q_1 = T_1 + T_0' \quad , \quad Q_2 = T_2 + T_1' \ldots \ldots (4)$$

Dans le problème à résoudre pour calculer les poutres les données de la question sont les positions des appuis, puis les charges que chaque travée doit pouvoir supporter, et les inconnues sont les sections constantes qu'il faut donner à chaque travée, ou la section constante de la poutre si ses dimensions transversales sont les mêmes sur toute sa longueur.

Lorsque la section varie d'une travée à l'autre et que les appuis ne sont pas de niveau, les formules données plus haut ne permettent de résoudre le problème que nous venons de poser que par substitutions succes- sives, puisque les moments fléchissants au droit des appuis sont exprimés en fonction des sections inconnues des travées. Dans ce cas, la marche la plus rapide est de partir de dimensions admises à priori par compa- raison de la poutre dont on étudie les conditions de résistance avec des poutres de ponts placées dans des conditions analogues à celles que l'on a à considérer, et de ne se servir des formules données que pour vérifier la valeur du plus grand effort d'extension ou de compression (R) qui répond dans chaque travée à ces dimensions, et du plus grand effort de glissement qui se rapporte aux mêmes dimensions. Après quelques modifications apportées aux sections, on arrive, généralement, assez rapidement à les déterminer de manière à ne répondre qu'à des valeurs de (R) compatibles avec la matière qui compose les poutres.

Le problème pratique posé plus haut est au contraire très-facile à résoudre lorsque la section de la poutre est constante sur toute sa longueur et que les appuis sont de niveau. Dans ce cas, en effet, l'équation (1) se transforme en une relation connue sous le nom de formule de Clapeyron :

$$4\ell_1 \mu_0 + 8 (\ell_1 + \ell_2) \mu_1 + 4\ell_2 \mu_2 = p_1 \ell_1^3 + p_2 \ell_2^3 \quad (5)$$

de laquelle on déduit les valeurs des moments fléchissants au droit des appuis en fonction des données seules de la question, et par suite celles des moments fléchissants et efforts tranchants dans les diverses sections des travées.

Indiquons avec quelques détails comment, dans ce cas particulier, on résout le problème posé, c'est-à-dire comment on détermine la plus grande valeur absolue du moment fléchissant auquel la poutre aura à résister, et celle du plus grand effort tranchant qui prendra naissance. Considérons le cas d'une poutre en trois travées.

La poutre doit être calculée en vue de résister à diverses épreuves consistant à soumettre d'abord toute la poutre, puis successivement la travée du milieu, les travées extrêmes, puis enfin deux travées consécutives à l'action d'une surcharge d'épreuve uniformément répartie par mètre de longueur. Il faudra donc calculer les moments fléchissants et efforts tranchants dans les diverses sections de la poutre pour ces diverses hypothèses, et prendre les plus grands de chacun de ces facteurs.

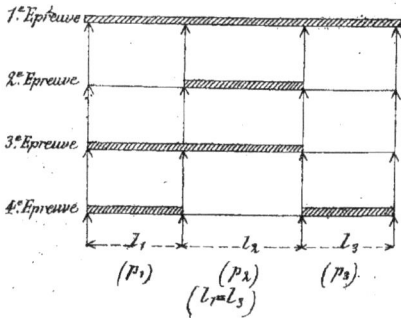

Si nous représentons par (p_c) la charge permanente par mètre de longueur, et par (p_e) la charge d'épreuve, on aura pour valeurs des poids par mètre dans les travées, en considérant les divers cas d'épreuves aux quels la poutre doit résister :

1ᵉ. Épreuve $p_1 = p_2 = p_3$ $\qquad = (p_c + p_e)$

2ᵉ. Épreuve $p_1 = p_c$ $\quad p_2 = (p_c + p_e)$ $\quad p_3 = p_c$

3ᵉ. Épreuve $p_1 = (p_c + p_e)$ $\quad p_2 = (p_c + p_e)$ $\quad p_3 = p_c$

4ᵉ. Épreuve $p_1 = (p_c + p_e)$ $\quad p_2 = p_c$ $\quad p_3 = (p_c + p_e)$

Il faut tout d'abord calculer les moments fléchissants au droit des appuis répondant à ces diverses hypothèses. Ce calcul se fait très-rapidement par les

les considérations suivantes :

La formule de Clapeyron appliquée successive-ment au groupe des deux premières travées, puis à celui de la seconde et de la troisième devient, eu égard aux conditions : $(l_3 = l_1)$, $(\mu_0 = 0)$ et $(\mu_3 = 0)$

$$8(l_1 + l_2)\mu_1 + 4 l_2 \mu_2 = p_1 l_1^3 + p_2 l_2^3$$

$$4 l_2 \mu_1 + 8(l_2 + l_1)\mu_2 = p_2 l_2^3 + p_3 l_1^3$$

Équations desquelles on déduit :

$$(8l_1 + 4l_2)[\mu_1 - \mu_2] = l_1^3 (p_1 - p_3)$$

et $$(8l_1 + 12 l_2)(\mu_1 + \mu_2) = l_1^3 (p_1 + p_3) + 2 p_2 l_2^3$$

Ou plus simplement en posant : $[(8l_1 + 4l_2) = L]$ et $[(8l_1 + 12l_2) = L']$:

$$L(\mu_1 - \mu_2) = l_1^3 (p_1 - p_3) \text{ et } L'(\mu_1 + \mu_2) = l_1^3 (p_1 + p_3) + 2 p_2 l_2^3$$

Relations donnant pour expressions des moments fléchissants (μ_1) et (μ_2) :

$$\mu_1 = \frac{l_1^3}{2}\left(\frac{1}{L} + \frac{1}{L'}\right) p_1 + \frac{l_2^3}{L'} p_2 - \frac{l_1^3}{2}\left(\frac{1}{L} - \frac{1}{L'}\right) p_3$$

$$\mu_2 = -\frac{l_1^3}{2}\left(\frac{1}{L} - \frac{1}{L'}\right) p_1 + \frac{l_2^3}{L'} p_2 + \frac{l_1^3}{2}\left(\frac{1}{L} + \frac{1}{L'}\right) p_3$$

formules que, en faisant pour abréger :

$$\frac{l_1^3}{2}\left(\frac{1}{L} + \frac{1}{L'}\right) = K' \qquad \frac{l_1^3}{2}\left(\frac{1}{L} - \frac{1}{L'}\right) = K'' \text{ et } \frac{l_2^3}{L'} = K'''$$

on réduit à :

$$\mu_1 = K' p_1 + K''' p_2 - K'' p_3 \qquad (6)$$

$$\mu_2 = -K'' p_1 + K''' p_2 + K' p_3 \qquad (7)$$

On obtient ainsi deux relations donnant très-rapidement, une fois que K', K'' et K''' sont calculés, les valeurs de (μ_1) et de (μ_2) qui répondent aux divers cas d'épreuves que l'on a à considérer.

Ces moments fléchissants connus, on peut déterminer leur valeur dans les diverses sections de la première travée, au moyen de la formule ci-dessous :

$$\mu = \mu_o - \left(\frac{p_1 \ell_1}{2} + \frac{\mu_o - \mu_1}{\ell_1} \right) x + \frac{p_1}{2} x^2 = a - bx + cx^2 \qquad (8)$$

Quant aux relations qui déterminent les valeurs de ces moments fléchissants, dans les diverses sections de la seconde et de la troisième travée, elles se déduisent de l'équation (8) en y augmentant les indices des lettres qui entrent dans la formule, successivement de une et de deux unités.

Enfin, l'effort tranchant se détermine au moyen des relations donnant le moment fléchissant en remarquant que $\left(T = -\frac{d\mu}{dx} \right)$, d'où l'on déduit pour formule donnant la valeur de ce facteur dans les diverses sections de la première travée :

$$T = b - 2cx \qquad (9)$$

S'il fallait déterminer les valeurs de (μ) et de (T) dans les diverses sections de chaque travée pour chaque cas d'épreuve, la recherche de leur plus grande valeur absolue serait fort longue. On simplifie beaucoup ces calculs en construisant les courbes représentatives des moments fléchissants et des efforts tranchants dans chaque travée et pour chaque cas d'épreuve. Pour que ces courbes se distinguent facilement, les unes des autres, on attribue une couleur différente à chaque cas d'épreuve ; quoiqu'il en soit, voici comment on les construit :

La courbe représentative de l'équation (8) est une parabole dont nous connaissons deux points, puisque nous avons déjà déterminé les moments fléchissants au droit des appuis. Pour tracer cette courbe il suffirait donc à la rigueur de connaître les coordonnées de son sommet par rapport au système d'axe (Bx.y) auquel elle est rapportée. Les coordonnées de ce sommet s'obtiennent en cherchant la valeur de (x) qui annule $\left(\dfrac{d\mu}{dx}\right)$ et la valeur correspondante de (μ), on obtient ainsi :

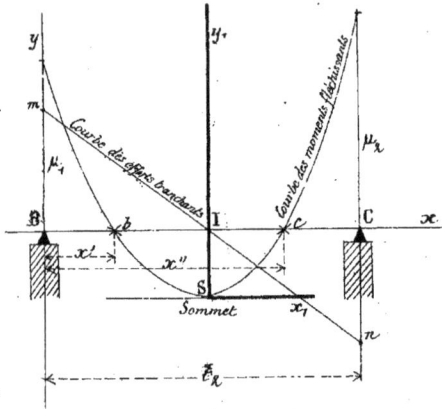

$$x_m = BI = \left(\frac{b}{2c}\right) \quad et \quad y_m = SI = \left(a - \frac{b^2}{4c}\right) \quad (10)$$

Quant aux coordonnées des points où cette parabole coupe l'axe (Bx), elles s'obtiennent en cherchant les racines de l'équation $a - bx + cx^2 = 0$, d'où

$$x' = \frac{b + \sqrt{b^2 - 4ac}}{2c} \qquad x' = \frac{b - \sqrt{b^2 - 4ac}}{2c}$$

Mais au point de vue graphique cette courbe peut se construire bien plus simplement en la rapportant à des axes coordonnés parallèles aux premiers et passant par son sommet. L'équation de la courbe devient, en effet, lorsqu'on la rapporte à ces axes ($Sx,y,$) :

$$y_1 = cx_1^2 = \frac{1}{2}\, p_2\, x_1^2 \qquad\qquad (11)$$

Courbe extrêmement facile à tracer une fois les coordonnées du sommet déterminées. Mais il y a plus, cette équation démontre que tous nos tracés peuvent se faire avec les gabarits découpés de deux paraboles répondant aux équations ($y_1 = \frac{1}{2}\, p_c\, x_1^2$) et ($y_1 = \frac{1}{2}(p_c + p_e)\, x_1^2$), puisque toutes nos combinaisons de charges se réduisent aux deux facteurs (p_c) ou ($p_e + p_c$).

Pour tracer les courbes représentatives des moments fléchissants répondant aux divers cas d'épreuves que la poutre doit subir, il nous suffit donc de calculer les valeurs de (μ_1) et (μ_2) qui se rapportent à ces divers cas d'épreuves, puis de déterminer les sommets des paraboles dans chaque travée au moyen des équations (10) et enfin de tracer ces courbes en se servant des gabarits ($y_1 = \frac{1}{2}\, p_c\, x_1^2$), ou ($y_1 = \frac{1}{2}(p_c + p_e)\, x_1^2$), suivant que la travée considérée n'a à supporter que son propre poids, ou se trouve soumise à l'action de la charge d'épreuve.

Quant aux courbes représentatives des efforts tranchants qui deviennent des lignes droites, il suffit, pour les tracer, de connaître les valeurs de ces efforts à l'origine et à l'extrémité de chaque travée. Ces valeurs sont :

$$T_1 = Bm = b \qquad \text{et} \qquad T_1' = Cn = b - 2c\ell_2$$

Comme vérification, chaque droite représentative des efforts tranchants devra couper l'axe Bx, en un point (I)

ayant pour abscisse celle du sommet de la parabole qui
représente les moments fléchissants.

Ces diverses courbes tracées, on en déduit
facilement les plus grandes valeurs absolues de (μ) et de
(I), par suite les dimensions de la section transversale de
la poutre.

Cette manière de procéder donne des poutres
qui se trouvent dans les conditions prévues par les formules,
si toutefois les appuis sont de niveau. Mais la section
uniforme des semelles entraîne avec elle un poids
total de matière que l'on a cherché à réduire en procé-
dant à une répartition des plates-bandes analogue à
celle que nous avons indiqué pour les poutres à une
seule travée. Lorsque l'épaisseur donnée à l'âme dépasse
dix à douze millimètres on procède de même à une
épure des épaisseurs à donner aux diverses parties de l'âme.
Seulement, en réduisant ainsi les épaisseurs données aux
plates-bandes et à l'âme, on se place en dehors de l'hypothèse fondamentale sur laquelle nous avons appuyé nos
calculs, et qui consiste à admettre que la section de la
poutre est constante sur toute sa longueur ; les formules que
nous employons dans ce cas ne sont donc plus applicables
dans l'acception rigoureuse du mot. Néanmoins, comme
l'expérience consacre cette manière d'opérer, on peut
suivre en toute sécurité la méthode de calcul que nous
venons d'indiquer, mais à la condition qu'il y ait un
intérêt réel à réaliser l'économie de matière que l'épure
de répartition des plates-bandes et de l'âme permet de faire.

Si les appuis n'étaient pas de niveau, on pourrait encore résoudre le problème, en supposant la section constante et en opérant par substitutions successives. Il est nécessaire de faire remarquer à ce sujet que lorsque les appuis intermédiaires viennent à s'abaisser légèrement, les valeurs des moments fléchissants aux appuis diminuent tandisque les moments fléchissants dans les travées augmentent. Or, comme les moments fléchissants aux appuis calculés pour l'hypothèse où ces appuis sont de niveau, sont toujours plus grands que ceux qui prennent naissance dans les travées, il en résulte que, si la section donnée à la poutre est constante, ce léger abaissement des appuis intermédiaires améliore un peu les conditions de résistance de la pièce.

Lorsque l'ouverture des travées n'est pas bien grande il peut arriver que les épreuves par charrettes et chariots fatiguent plus le pont que l'épreuve par poids mort uniformément réparti sur la surface du tablier. Pour connaître l'hypothèse pour laquelle il y a réellement lieu de calculer les poutres, il faut donc pouvoir déterminer les moments fléchissants et efforts tranchants qui prennent naissance dans les diverses sections, lorsque la poutre est soumise à l'action d'une charge uniformément répartie sur toute sa longueur et à l'action d'un certain nombre de forces transversales. Voici alors comment on opère :

Comme précédemment, si les moments fléchissants au droit des appuis étaient connus, les

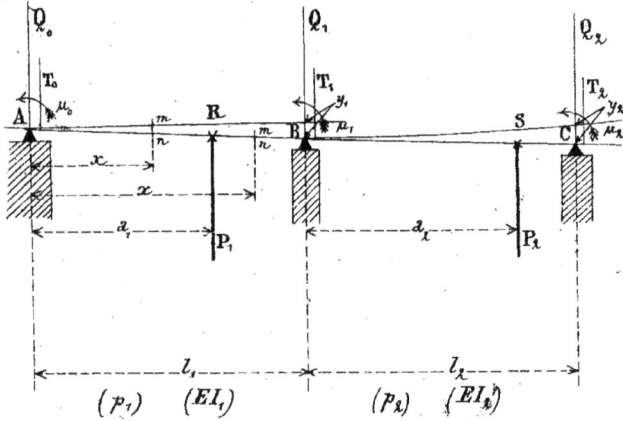

momenti

fléchissants

et efforts

tranchants

dans les

diverses

travées

le seraient

également.

On aurait,

en effet,

pour la

première

travée :

de (A en R)

$$\mu = \mu_o - \left[\left(\frac{\mu_o - \mu_1}{\ell_1}\right) + \frac{1}{2}p_1\ell_1 + P_1\left(1 - \frac{d_1}{\ell_1}\right)\right]x + \frac{1}{2}p_1 x^2$$

$$T = \left[\left(\frac{\mu_o - \mu_1}{\ell_1}\right) + \frac{1}{2}p_1\ell_1 + P_1\left(1 - \frac{d_1}{\ell_1}\right)\right] - p_1 x$$

et de (R en B)

$$\mu = \mu_o - \left[\left(\frac{\mu_o - \mu_1}{\ell_1}\right) + \frac{1}{2}p_1\ell_1 + P_1\left(1 - \frac{d_1}{\ell_1}\right)\right]x + \frac{1}{2}p_1 x^2 + P_1(x - d_1)$$

$$T = T_o - p_1 x - P_1 .$$

Si l'on représente par (T$_o$) l'effort tranchant au droit de l'appui (A) dont la valeur est :

$$T_o = \left[\left(\frac{\mu_o - \mu_1}{\ell_1}\right) + \frac{1}{2}p_1\ell_1 + P_1\left(1 - \frac{d_1}{\ell_1}\right)\right]$$

Pour les autres travées les mêmes formules

donneraient les valeurs du moment fléchissant et de l'effort tranchant dans les diverses sections en y augmentant les indices des lettres d'une unité par rang de travée.

Toute la question, pour résoudre le problème, est donc, comme nous le disions plus haut, de calculer les valeurs des moments fléchissants au droit des appuis.

Ce calcul se fait au moyen de la formule ci-dessous que l'on applique successivement aux deux premières travées, puis à la seconde et à la troisième, et ainsi de suite :

$$\frac{4\ell_1\mu_0}{EI_1} + 8\left[\frac{\ell_1}{EI_1} + \frac{\ell_2}{EI_2}\right]\mu_1 + \frac{4\ell_2\mu_2}{EI_2} = \frac{p_1\ell_1^3}{EI_1} + \frac{p_2\ell_2}{EI_2} - 24\left(\frac{y_1}{\ell_1} - \frac{y_2}{\ell_2}\right) + \frac{4P_1 d_1}{EI_1\ell_1}\left(\ell_1^2 - d_1^2\right)$$

$$+ \frac{4P_2 d_2}{EI_2\ell_2}(2\ell_2 - d_2)(\ell_2 - d_2)$$

Lorsque la section est constante sur toute la longueur de la poutre et que les appuis sont de niveau, cette équation se simplifie et devient :

$$4\ell_1\mu_0 + 8(\ell_1 + \ell_2)\mu_1 + 4\ell_2\mu_2 = p_1\ell_1^3 + p_2\ell_2^3 + 4P_1\frac{d_1}{\ell_1}(\ell_1^2 - d_1^2) + 4P_2\frac{d_2}{\ell_2}(2\ell_2 - d_2)(\ell_2 - d_2)$$

Telle qu'elle, elle ne semble s'appliquer qu'à l'hypothèse de charrettes circulant sur les travées ; lorsque les charrettes sont remplacées par des chariots, chaque travée est soumise à l'action de deux forces transversales distinctes, et il suffit pour pouvoir faire usage de cette formule, d'ajouter au second membre de l'équation un terme semblable à celui en (P₁) et un autre semblable à celui en (P₂). Il en est de même lorsque les travées sont soumises à l'action d'un nombre quelconque de forces transversales.

Calcul

Calcul des treillis.

Il arrive à beaucoup d'ingénieurs de remplacer, pour obtenir un certain effet architectural, les poutres à âme pleine par des poutres en treillis. Quoique le prix des fers qui composent les treillis soit généralement moins élevé que celui des tôles qui composent l'âme pleine, la poutre en treillis, lorsqu'elle présente la même résistance que la poutre à âme pleine, n'est pas plus économi-que, parce que, comme nous le démontrerons plus loin, elle est alors plus lourde, et puis parce qu'elle exige plus de main-d'œuvre. De plus, le calcul des treillis présente encore bien des obscurités, aussi est-il prudent de ne faire usage que de poutres à âme pleine lorsque les circonstances forcent à faire des poutres en treillis, voici comment on les calcule :

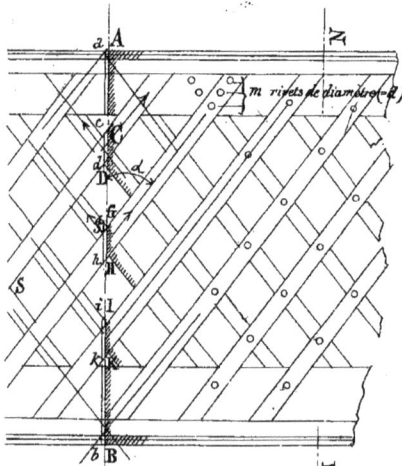

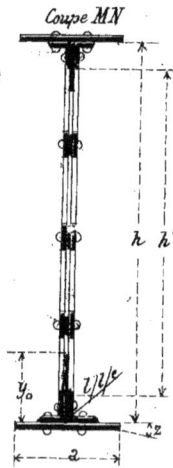

Considérons une poutre formée, dans le haut et dans le bas, de platés-bandes, de cornières et

m rivets de diamètre (q)

Coupe MN

L'effort tranchant T est supposé dans le sens de la flèche.

d'une partie d'âme, à laquelle viennent s'attacher les treillis. Nous supposons ces derniers également inclinés sur la verticale, il n'y a, en effet, aucune raison pour les disposer autrement, ce qui, d'ailleurs, comme aspect, produirait un vilain effet.

La portion de poutre (ABMN) est en équilibre sous l'action des forces extérieures qui agissent sur elle et sous l'action des forces moléculaires qui émanent de la portion de pièce (abs), à gauche de la section quelconque (AB). Les forces extérieures ont pour équivalentes, si l'on suppose que la poutre n'est soumise qu'à l'action de forces transversales, un couple (μ) et une force unique verticale (T) qui représente l'effort tranchant en (AB). L'équilibre est assuré lorsque les tensions et compressions longitudinales des fibres des plates-bandes, des cornières, et des portions d'âme en (AB), ont pour équivalentes un couple égal et directement opposé à (μ), et lorsque les barres rencontrées par la section étant supposées soumises à des tensions et compressions suivant leur axe, toutes égales entre elles, ces tensions et compressions ont une somme de composantes verticales égale à (T). On admet dans le calcul des treillis que les efforts intérieurs qui se développent dans les barres répondent à l'hypothèse que nous venons de faire pour assurer l'équilibre de la portion de poutre (ABU). L'expérience ayant consacré cette manière d'opérer, nous indiquons cette méthode de calcul, quoiqu'elle ne donne pas satisfaction aux théories de la résistance des matériaux.

Dans ces conditions, si (F) est l'effort de compression ou d'extension qui se rapporte à l'une des barres rencontrant la section A B, on a :

$$F = \frac{T}{2\,n\,.\cos\alpha}$$

d'où l'on déduit pour expression de la section (ω) nécessaire à la barre :

$$\omega = \frac{F}{R}\,,$$ (R) étant l'effort d'extension ou de compression rapporté à l'unité de surface auquel on peut soumettre en toute sécurité, la matière composant les treillis.

Il est facile de reconnaître que toutes les barres qui convergent vers la partie supérieure de l'axe des travées sont comprimées, et que celles qui convergent vers la partie inférieure sont tendues. Le calcul de la section à donner à ces dernières barres peut se faire par la formule indiquée $\left(\omega = \frac{F}{R}\right)$ et la section trouvée peut être, sans aucun inconvénient, réalisée au moyen de fers plats. Il n'en est pas ainsi des barres comprimées, leur section ne doit

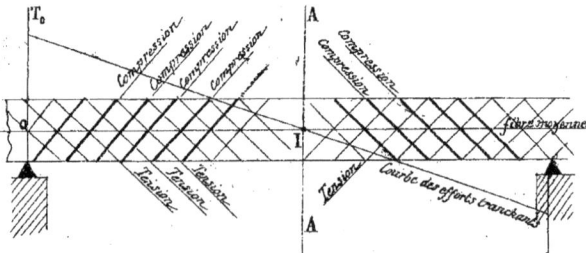

(L'axe AA passe par le point de la fibre moyenne où l'effort tranchant est nul.)

pas être en fers plats, il faut l'obtenir avec des fers cornières, des fers à T, ou des fers en (U); de plus, il faut soutenir ces fers dans le sens de leur longueur en les rivant à toutes les barres qu'ils rencontrent, enfin il sera prudent, en les calculant par la formule $(\omega = \frac{T}{R})$, de ne donner à (R) que la valeur qui se rapporte à la longueur libre de ces barres et à leur profil transversal.

La section qu'il faut donner aux treillis est d'autant plus faible que (α) est petit, c'est-à-dire que l'inclinaison donnée aux barres se rapproche davantage de la verticale; mais comme dans ce cas, le nombre de ces barres, nécessaire pour remplir une longueur déterminée de poutre, est plus grand, il y a lieu de rechercher l'inclinaison la plus avantageuse, c'est-à-dire celle qui, par mètre de longueur de poutre, répond au plus petit volume des treillis.

Le volume d'une barre est égal à : $\left(\frac{h'}{\cos\alpha} \times \frac{T}{2n\cos\alpha.R}\right)$

celui de $(2n)$ barres rencontrées est $\left(\frac{h'}{\cos\alpha} \cdot \frac{T}{\cos\alpha.R}\right)$ et comme ce volume se rapporte à une longueur de poutre égale à : $(h' \tan\alpha)$, il en résulte que le volume des treillis par mètre de longueur, a pour expression :

$$\frac{h'.T}{(\cos^2\alpha).R} \times \frac{1}{h'\tan\alpha} = \frac{T}{(\sin\alpha\cos\alpha).R} = \frac{2T}{(\sin 2\alpha).R}$$

L'inclinaison la plus favorable sera donc $(\alpha = 45°)$, puisque c'est à cette inclinaison que répond la plus grande valeur du dénominateur de la formule.

Lorsque l'âme étant pleine, on s'impose la condition que la fatigue moyenne des tôles soit égale à celle des barres en treillis qu'on pourrait lui substituer, on trouve pour expression du volume de l'âme pleine, par mètre de longueur de poutre : $\left(\frac{T}{R}\right)$, c'est-à-dire la moitié du volume du treillis supposé avoir l'inclinaison la plus avantageuse à la résistance. Si l'on remarque, de plus, que pour attacher les treillis, il faut conserver dans le haut et dans le bas des poutres, une certaine hauteur d'âme, on reconnait qu'à résistance <u>égale</u>, le treillis est toujours de beaucoup plus lourd que l'âme pleine, tout en ne présentant aucune sécurité comme metho de calcul.

Le nombre de rivets nécessaire pour attacher chaque barre à l'âme se calcule en admettant que l'adhérence due à ces rivets d'attache est au moins égale à l'effort d'extension ou de compression (T) qui agit sur la barre. Si (m) est le nombre de rivets, et si (d) est leur diamètre, il faut donc que :

$$m . \frac{\pi d^2}{4} \times (3 \times 10^6) = \frac{T}{2 \, n \cos \alpha} \quad \text{d'où :} \quad m = \frac{T}{2 \times n \times (3 \times 10^6) \frac{\pi d^2}{4} \cos \alpha}$$

c'est-à-dire : $m = \dfrac{2T}{3 . n . \pi d^2 \cos \alpha}$

Lorsque (d) est exprimé en millimètres au lieu de l'être en mètres.

Tabliers pour ponts de Chemins de fer

Ils sont composés de poutres et de pièces

reliant ces dernières entre elles : Le calcul des dimensions à donner aux entretoises et longerons se faisant en suivant une marche identique à celle développée pour les ponts supportant des routes de terre, nous n'avons à nous occuper avec détails que du calcul des poutres. Ce dernier calcul doit être fait en vue de donner satisfaction aux prescriptions contenues dans la circulaire ministérielle en date du 26 février 1858, relative aux épreuves que doivent subir les tabliers métalliques supportant les voies de Chemins de fer.

Voici comment la Circulaire s'exprime au sujet de ces épreuves :

« Ces épreuves seront de deux espèces, et
« auront lieu d'abord par un chargement de poids morts,
« et ensuite au moyen de poids roulant.

« 1re. Chaque mètre linéaire de simple voie
« sera chargé d'un poids additionnel de 5000 Kilogrammes
« pour les travées d'une ouverture de 20 mètres et
« au-dessous, et de 4000 Kilogr. pour celles d'une
« ouverture supérieure à 20 mètres, sans que, dans ce
« dernier cas, le poids puisse jamais être moindre
« que 100 tonnes. Cette charge devra rester au moins
« huit heures sur le pont, et n'en être retirée que
« deux heures après que la flèche prise par les
« poutres aura cessé de croître.

« Pour les ponts à plusieurs travées, chacune
« d'elles sera chargée d'abord isolément, elles le
« seront ensuite simultanément.

„ Chaque épreuve partielle aura lieu confor-
„ -mément aux prescriptions du premier paragraphe
„ du présent article.,

„ 2°. Une première épreuve au moyen de poids
„ roulant se fera par le passage sur chaque voie, d'un
„ train composé de deux machines pesant chacune
„ avec leur tender 60 tonnes au moins, et de wagons
„ portant un chargement de 12 tonnes, en nombre
„ suffisant pour couvrir au moins une travée entière.
„ Ce train marchera successivement avec des vitesses
„ de 20 kilomètres et de 35 kilomètres à l'heure.

„ Une seconde épreuve aura lieu au moyen du
„ passage sur la voie, d'un train composé de deux
„ machines, pesant chacune avec leur tender 35 tonnes
„ au moins, et de wagons dont le poids sera établi
„ comme dans les trains ordinaires de voyageurs, et en
„ nombre suffisant pour couvrir au moins une
„ travée entière. Ce train marchera successivement
„ avec des vitesses de 40 et de 70 kilomètres à l'heure.

„ Pour les ponts à deux voies, les épreuves
„ par poids mouvant auront lieu d'abord sur cha-
„ -que voie isolée, puis simultanément sur les deux
„ voies, en faisant marcher les deux trains parallè
„ -lement dans le même sens, ensuite en sens
„ opposé, de manière à se croiser sur le milieu des
„ travées.

En résumé, le calcul des poutres doit
toujours être fait pour celle des deux hypothèses

de charges uniformément réparties ou de charges roulan-
-tes qui les fatigue le plus. Le calcul pour la charge
uniformément répartie se faisant sans aucune difficulté,
nous n'avons à nous occuper que de la détermination
des dimensions nécessaires pour résister aux charges
roulantes. Si pour chaque cas de charge roulante il
était possible de connaître la charge uniformément ré-
-partie donnant dans la section la plus fatiguée le même
moment fléchissant que celui obtenu en considérant
la charge mobile dans sa position la plus défavorable
à la résistance, on pourrait substituer à un calcul assez
difficile à effectuer, une recherche de dimensions des
plus simples à résoudre. La recherche des surcharges
à considérer dans le calcul des dimensions à donner
aux poutres des tabliers métalliques a été faite par M.
Leygue et publiée par lui dans un ouvrage auquel
nous renvoyons pour résoudre ce problème par la
méthode que nous venons d'indiquer. Il donne pour
charges uniformément réparties par mètre de voie de
même effet que les charges roulantes d'exploitation
un poids de 10030 Kil. dans le cas d'une portée de
4 ^{m}., ; de 9420 Kil. dans le cas d'une portée de 5 ^{m}.; de
8900 K. dans le cas d'une portée de 6 ^{m}.; de 8450 Kil.
pour une portée de 7 ^{m}.; de 8110 K. pour une portée de
8 ^{m}., ; de 7780 K. pour une portée de 9 ^{m}.; de 7460 K. pour
une portée de 10 ^{m}., de 7160 ^{k} par 11 ^{m}, de 6870 ^{k} par 12 ^{m}., etc.....

L'influence du mouvement des trains sur
les conditions de résistance des poutres n'a pas encore

été déterminée en considérant le problème dans toute sa généralité. Monsieur Phillips n'a recherché les conditions de résistance des poutres droites sous l'action d'une charge en mouvement, que pour le cas d'une poutre à une seule travée reposant librement par ses extrémités sur deux appuis de niveau, et pour celui où cette poutre est encastrée horizontalement par ses extrémités. Mais comme les solutions relatives à ces deux problèmes peuvent aider à se rendre compte de l'influence que les dimensions des poutres exercent sur ses conditions de résistance, lorsqu'il y a lieu de considérer l'état de mouvement des charges, nous donnons ci-dessous les valeurs du moment fléchissant maximum qui répond à chacun de ces cas.

Lorsque la pièce repose librement sur ses appuis extrèmes, la plus grande valeur approchée du moment fléchissant est donnée par la relation :

$$\mu = \frac{Q a}{4}\left(1 + \frac{Q v^2 a}{3 g E I}\right)$$

Q représentant la charge mobile supposée animée de la vitesse (V) sur la poutre dont la longueur est (a), et dont le moment d'inertie de la section est (I).

Et lorsque la pièce est encastrée par ses extrémités on a pour expression du plus grand moment fléchissant :

$$\mu_m = \frac{Q a}{8}\left(1 + \frac{Q v^2 a}{8 g E I}\right)$$

Ponts en Poutres courbes.

Les formules dont nous faisons usage sont extraites du cours de résistance des matériaux, et de l'ouvrage de Mr. Bélanger sur la théorie de la résistance de la torsion et de la flexion plane des solides.

Nous avons toujours à résoudre les deux mêmes problèmes généraux : Étant données les forces, trouver les dimensions ; puis étant données les dimensions d'une poutre courbe trouver les forces qu'on peut faire agir sur elle. Mais comme le premier de ces problèmes présente toujours de grandes difficultés d'études, c'est à la solution du second problème que l'on rapporte celle de toutes les questions sur les poutres courbes. A cet effet, voici comment on opère. Si l'on suppose les charges connues et que l'on cherche les dimensions, on se donnera tout d'abord ces dernières par comparaison de la poutre considérée avec des poutres construites placées dans des conditions de résistance analogues, et l'on cherchera les efforts intérieurs qui répondent à l'action des charges données sur les dimensions admises ainsi à priori ; ces efforts intérieurs calculés, on reconnaîtra le sens dans lequel il faut modifier ces dimensions, et après quelques tâtonnements on déterminera ces dernières de manière à répondre à la condition que la plus grande valeur de (R) des fibres extrêmes, ne dépasse pas la limite qui se rapporte à la matière considérée.

Quelque soit celui des deux problèmes géné-raux que nous ayons à résoudre, nous en ramenons donc toujours la solution à celle du problème dans lequel, étant données les dimensions et les charges, on cherche les efforts intérieurs qui prennent naissance dans les diverses parties de la poutre du fait de l'action de ces charges.

La portée de ces ouvrages étant en général assez grande pour qu'il n'y ait lieu de déterminer leurs dimensions que pour résister à la charge d'épreuve unifor-mément répartie, nous allons simplement indiquer comment on résoud le problème de résistance sur les poutres courbes dans les deux cas qui résument à peu près tous ceux que l'on peut avoir à considérer dans les applications.

1er Exemple.

Une poutre articulée à ses extrémités sur deux appuis de niveau ayant pour fibre moyenne un arc de cercle et des dimensions symétriques par rapport à l'axe $(G_0\ y)$ supposées déterminées, supporte une charge donnée (p) uniformément répartie par mètre de projection horizontale. On demande de calculer la valeur que cette charge peut atteindre, lorsqu'on s'impose la condition que dans les sections les plus fatiguées, la valeur de (R) des fibres extrêmes ne dépasse pas une limite donnée.

$$N = \Sigma P_{x_1}$$

$$\mu = \Sigma M_{G_1} P$$

$$I = \int v^2 d\omega$$

Section $AB = \Omega$

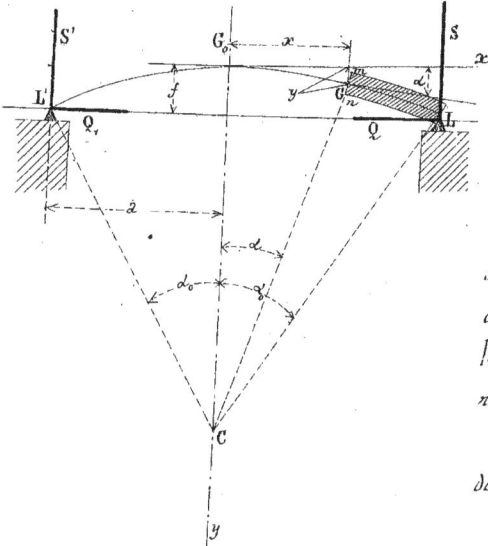

Si nous connaissons, en fonction de (p) les valeurs des tensions ou compressions R' et R'' qui se rapportent aux fibres extrêmes des diverses sections, le problème serait résolu.

Or, R' et R'' sont donnés par les expressions:

Fibres extrêmes supérieures:

$$R' = -\frac{v'\mu}{I} - \frac{N}{\Omega} \quad (1)$$

Fibres extrêmes inférieures:

$$R'' = +\frac{v''\mu}{I} - \frac{N}{\Omega} \quad (2)$$

Les valeurs limites que (R') et (R'') ne doivent pas dépasser, sont connues; les dimensions de la pièce sont données, pour résoudre le problème il nous reste donc à trouver les

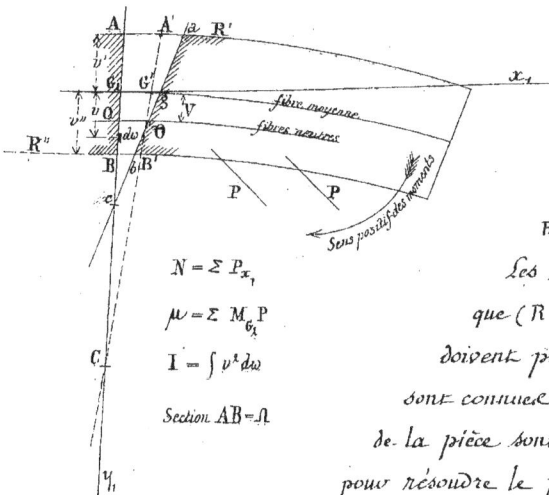

valeurs de (N) et de (μ) en fonction de (p), c'est-à-dire celles des quantités (S) et (Q) en fonction de ce même facteur (p). Voici comment nous les déterminons:

La considération de l'équibre donne:

$$(S = S' = p\lambda) \qquad \text{et} \qquad (Q = -Q'). \qquad (3)$$

Nous obtenons ainsi la composante verticale des appuis en fonction de (p), reste à trouver les composantes horizontales Q. A cet effet, nous remarquons que la fixité des points d'articulation et que la symétrie de la pièce et des charges qui agissent sur elle par rapport à l'axe (G₀ y) donnent pour valeur de l'équation.

$$\Delta x_1 = \Delta x_o - (y_1 - y_o)\varphi_o + (x_1 - x_o)\lambda + \int_{G_o}^{L}\left[\frac{N\cos\alpha}{E\,\Omega} + y\frac{\mu}{EI}\right]ds - y_1\int_{G_o}^{L}\frac{\mu\,ds}{EI}$$

lorsqu'on y exprime que ($x_o = 0$), ($\Delta x_o = 0$), ($\Delta x_1 = 0$), ($\varphi_o = 0$) et que ($T = 0$):

$$0 = \int_{G_o}^{L}\left[\frac{N\cos\alpha}{E\,\Omega} + (y - y_1)\frac{\mu}{EI}\right]ds \qquad (4)$$

Relation de laquelle il est facile de tirer l'expression de la composante horizontale des réactions des appuis. En effet, substituant à (N) et (μ) leurs valeurs:

$$(5) \qquad N = -p x \sin\alpha - Q \cos\alpha \qquad \text{et} \qquad \mu = -\frac{p}{2}(a^2 - x^2) + Q(f - y) \,(6)$$

L'équation (4) se transforme en la relation:

$$p\left[\int_{G_o}^{L}\left(\frac{(a^2 - x^2)(f-y)}{2I} - \frac{x\sin\alpha\cos\alpha}{\Omega}\right)ds\right] = Q\left[\int_{G_o}^{L}\left(\frac{(f-y)^2}{I} + \frac{\cos^2\alpha}{\Omega}\right)ds\right]$$

de laquelle on déduit pour valeur de Q:

$$Q = p \left[\frac{\displaystyle\int_{G_o}^{L} \left[\frac{(a^2 - x^2)(f-y)}{2\,I} - \frac{x \sin\alpha \cos\alpha}{\Omega} \right] ds}{\displaystyle\int_{G_o}^{L} \left(\frac{(f-y)^2}{I} + \frac{\cos^2\alpha}{\Omega} \right) ds} \right] \qquad (7)$$

La solution du problème que nous avons à résoudre revient donc maintenant à chercher la valeur numérique de la quantité entre parenthèse dans l'équation (7). Lorsque la section est constante, l'intégration se fait sans aucune difficulté, l'on tombe alors sur l'exemple traité par Monsieur Bresse dans la première partie de son cours de mécanique appliquée : pages 225 à 339 de sa 2e Édition. Dans le cas d'arc surbaissé, on obtient comme valeur très-approchée de la composante horizontale Q des réactions des appuis.

$$Q = \frac{p a^2}{2 f} \left[\frac{1 - \dfrac{f^2}{7 a^2}}{1 + \dfrac{15 f^2}{8 f^2}} \right] \qquad (8).$$

(r) représentant le rayon de giration de la section.

Lorsque la section n'est pas constante, il faut déterminer la valeur numérique de la parenthèse par la méthode de quadrature de Thomas Simpson. À cet effet, ayant partagé le demi-arc (GoL) en un nombre pair de parties égales, huit par exemple, on calcule pour chaque point de division la valeur numérique des termes entre parenthèse. Ayant représenté ces valeurs numériques par (y_o, y_1, y_2 ......) pour le numéra-teur, et par (y_o, y_1, y_2 ......) pour le dénominateur, on trouve pour valeur de la parenthèse :

$$\left[\frac{\int[\quad]\,ds}{\int[\quad]\,ds}\right] = \frac{y_0 + 4y_1 + 2y_2 + 4y_3 + 2y_4 + 4y_5 + \ldots + y_8}{y_0 + 4y_1 + 2y_2 + 4y_0 + 2y_4 \ldots\ldots + y_8} = A$$

Les éléments de ce calcul se résument dans un tableau disposé comme ci-dessous :

N°. de la Section	x	y	Sinα	Cosα	I	Ω	$\dfrac{(a^2-x^2)(f-y)}{2I}$	$\dfrac{x\sin\alpha\cos\alpha}{\Omega}$	$\dfrac{(f-y)^2}{I}$	$\dfrac{\cos^2\alpha}{\Omega}$	Observations
N° 0											$r = \dfrac{a^2+f^2}{2f}$
N° 1											$\alpha_0 = \arcsin\left[= \dfrac{a}{r}\right]$
N° 2											$x = r\sin\alpha$
											$y = r(1-\cos\alpha)$

La valeur de (A) connue, si l'on substitue à (Q) sa valeur dans les équations (5) et (6), il vient :

$$N = - p\,x\sin\alpha - Q\cos\alpha = -p\left[x\sin\alpha + A\cos\alpha\right] = -K'p$$

$$\mu = -\frac{p}{2}(a^2-x^2) + Q(f-y) = p\left[A(f-y) - \frac{1}{2}(a^2-x^2)\right] = K''p$$

(K') et (K'') représentant des coëfficients numériques faciles à calculer dans chaque section. Il est donc possible d'avoir en fonction de (p) les valeurs des efforts d'extension et de compression auxquelles sont soumises les fibres extrêmes des diverses sections. Ces valeurs sont :

$$R' = -\frac{v'\mu}{I} - \frac{N}{\Omega} = -p\left[\frac{v'\left(A(f-y) - \frac{(a^2-x^2)}{2}\right)}{I} - \frac{x\sin\alpha + A\cos\alpha}{\Omega}\right] = -M'p$$

$$R'' = \frac{v''\mu}{I} - \frac{N}{\Omega} = p\left[\frac{v''\left(A(f-y) - \frac{(a^2-x^2)}{2}\right)}{I} + \frac{x\sin\alpha + A\cos\alpha}{\Omega}\right] = M''p$$

On obtient ainsi les éléments nécessaires pour remplir le tableau ci-dessous, dont l'examen indique la section pour laquelle (R) est maximum. Cette section connue, on en déduit, sans aucune difficulté, la valeur de la charge uniformément répartie qui répond à la condition de (R) ne dépassant pas les limites imposées par les Circulaires administratives.

N°. de la Section	Valeurs de N en fonction de p	Valeurs de μ en fonction de p	Valeurs de (R) en fonction de (p)	
			fibres extrêmes supérieures	fibres extrêmes inférieures
N° 0				
N° 1				
N° 2				

Il est très important de rechercher comment varient les efforts intérieurs qui prennent naissance dans l'arc, lorsque la température s'élève ou s'abaisse de (t°) au-dessus de celle qui existait au moment de la pose.

Lorsque la température s'élève de (t°) la poussée (Q) devient :

$$ Q = p \frac{\left[\int_{G_o}^{L} \left[\frac{(a^2 - x^2)(f-y)}{2I} - \frac{x \sin\alpha \cos\alpha}{\Omega} \right] ds \right] + aEI\alpha t}{\int_{G_o}^{L} \left(\frac{(f-y)^2}{I} + \frac{\cos^2\alpha}{\Omega} \right) ds} $$

Or (p) est connu, les valeurs numériques des

intégrales ont été calculées plus haut. (Q) est donc déterminé. Les valeurs de (μ) et de (N) aux diverses sections se déduisent de la connaissance de (Q); nous pouvons donc calculer les valeurs numériques de (R) qui se rapportent aux fibres extrêmes, de ces diverses sections.

Enfin, pour déterminer les variations que la flèche subit sous l'action des charges et de la température on part de la formule :

$$\Delta y_1 = \Delta y_0 + (x_1 - x_0)\varphi_0 + (y_1 - y_0)T + \int_{G_0}^{L}\left(\frac{N\,\mathrm{Sm}\,\alpha}{E\,\Omega} - \frac{x\mu}{E\,I}\right)ds + x_1 \int_{x_0}^{L}\frac{\mu\,ds}{E\,I}$$

Delaquelle on déduit , en remarquant que dans le cas considéré :

$$(\Delta y_1 = 0), \quad (\varphi_0 = 0) \quad \text{et} \quad (y_1 - y_0) = f$$

$$\Delta \ddot{y_0} = -f\alpha t - \int_{G_0}^{L}\left(\frac{N\,\mathrm{Sm}\,\alpha}{E\,\Omega} - \frac{x\mu}{E\,I}\right)ds - \alpha\int_{G_0}^{L}\frac{\mu\,ds}{E\,I}$$

La marche à suivre pour résoudre les inté- -grales de cette équation, résulte de ce qui précède .

Les calculs que nous venons de faire permettent de résoudre toutes les questions qui se rapportent aux arcs articulés à leurs extrémités et soumis à l'action d'une charge uniformément répartie par mètre . De projection horizontale de poutre. La solution des problèmes relatifs aux arcs encastrés à leurs extrémités et soumis eux aussi à l'action d'une charge uniformément répartie par mètre de projection horizontale se déduit du second exemple général que nous traitons ci après.

2ᵐᵉ Exemple.

On donne les dimensions générales d'un arc encastré par ses extrémités ainsi que la charge uniformément répartie par mètre de projection horizon-tale qu'il doit pouvoir supporter, et l'on demande de déterminer les dimensions qu'il faut lui donner pour qu'en aucune section la valeur de (R) des fibres extrêmes ne dépasse la limite qui répond à la matière composant l'arc considéré.

Le calcul direct des dimensions étant très difficile voici la marche que l'on suit pour résoudre le problème indiqué ci-dessous : On se donne une première valeur des dimensions des diverses parties de la pièce, en la comparant à des arcs de ponts construits et placés dans des conditions de résistance ana-loguées à celles que l'on a à examiner. Ceci fait, on cherche, par les formules de la résistance des matériaux, quels sont les efforts intérieurs qui se développent dans le solide ainsi déterminé, et l'on obtient, par l'étude de ces efforts, tous les éléments voulus pour modifier les dimensions tout d'abord adoptées, de manière que dans aucun élément de la poutre, la plus grande tension ou compression des fibres ne dépasse la limite donnée (R). Voici comment on procède à ces calculs de vérification.

On assimile la pièce à une poutre courbe encastrée par ses extrémités et soumise à l'action d'une charge uniformément répartie dont nous représentons par (p) la valeur par mètre de projection horizontale. La vérification des dimensions données à la poutre n'est nécessaire que pour une moitié de celle-ci, à cause de sa parfaite symétrie comme dimensions et comme charges par rapport au plan transversal à la clef.

La ligne moyenne, lieu des centres de gravité des diverses sections étant déterminée, nous rapporterons la moitié de poutre A B C D à un système d'axes de coordonnées, dans le plan de flexion, dont l'axe des (x) est horizontal et tangent à la fibre moyenne à la clef, et dont l'axe des (y) est vertical et dans le plan des naissances.

Les efforts d'extension ou de compression auxquels sont soumises les fibres extrêmes d'une section quelconque (mn) sont donnés par les formules :

Fibres extrêmes supérieures en m : $R' = -\left(\dfrac{v'\mu}{I} + \dfrac{N}{\Omega}\right)$ (1)

Fibres extrêmes inférieures en n : $R'' = \left(\dfrac{v''\mu}{I} - \dfrac{N}{\Omega}\right)$ (2)

L'examen de ces formules montrant que la vérification à faire repose sur la détermination préalable, dans chaque section, du moment fléchissant (μ) et de la tension totale (N), c'est de la détermination de ces quantités qu'il faut tout d'abord nous occuper ; à cet effet, nous considérons l'équilibre de la portion de poutre comprise entre une section quelconque ($m\,n$) et celle à la clef. Aux forces élastiques exercées par la portion de poutre (cdK) à droite de la section à la clef sur celle à gauche, nous substituons, comme forces équivalentes, un couple dont la valeur est représentée par (μ_m), et une force unique passant par le centre de gravité de la section, laquelle, dans le cas qui nous occupe, est horizontale et dont nous représentons la valeur par (φ). Remarquant ensuite que la pièce n'est soumise comme forces extérieures qu'à l'action d'une charge uniformément répartie (p) par mètre de projection horizontale, on trouve pour valeurs de (μ) et de (N) :

$$\mu = \frac{p}{2}\,(a - x)^2 - (\varphi \cdot y) - \mu_m \qquad (3)$$

$$N = -\varphi \qquad (4)$$

En admettant à priori (φ) et (μ_m) tous deux négatifs et en remarquant que nous pouvons supposer toutes nos sections verticales, si, ce qui existe toujours pour le cas des arcs encastrés, nous admettons qu'ils sont très-surbaissés, d'où il résulte que les tangentes aux divers points de la fibre moyenne sont très peu inclinées sur l'horizontale. Ces formules expriment les quantités que nous cherchons en fonction de deux grandeurs inconnues : le moment fléchissant et l'effort de compression longitudinal à la clef. C'est donc de la détermination de ces deux quantités qu'il faut tout d'abord s'occuper. Pour cela nous exprimons que le déplacement dans le sens horizontal de la section à la clef ainsi que la variation de l'angle formé par cette section et celle d'encastrement sont nuls.

Les équations (72) et (73) (pages 126-130 de la 2ᵉ Édition de la Résistance des matériaux de Mᵉ Belanger) permettent de résoudre cette question. Elles deviennent, en négligeant l'influence de la température et en remarquant que l'on a, dans le cas considéré ($\sin \alpha = 0$) et ($\cos \alpha = 1$):

$$\frac{P}{2} \int_{G_0}^{G_1} \frac{(a-x)^2}{I} \, ds \; - \; \varphi \int_{G_0}^{G_1} \frac{y \, ds}{I} \; - \; \mu_m \int_{G_0}^{G_1} \frac{ds}{I} = 0 \qquad (5)$$

$$\frac{P}{2} \int_{G_0}^{G_1} \frac{(a-x)^2 \, y \, ds}{I} \; - \; \varphi \left[\int_{G_0}^{G_1} \left(\frac{y^2}{I} + \frac{1}{\Omega} \right) ds \right] - \mu_m \int_{G_0}^{G_1} \frac{y \, ds}{I} = 0 \quad (6)$$

Ces équations résolues on connaît (μ_m) et (φ), en substituant dans les équations (3) et (4) on en déduit dans chaque section les valeurs de (μ) et de (N); on peut donc enfin, au moyen des équations (1) et (2), procéder à la vérification des dimensions en rapport avec les valeurs extrêmes que les forces élastiques ne doivent pas dépasser.

C'est par la formule de Thomas Simpson que l'on résout les équations (5) et (6)

Pour réaliser l'hypothèse de l'encastrement

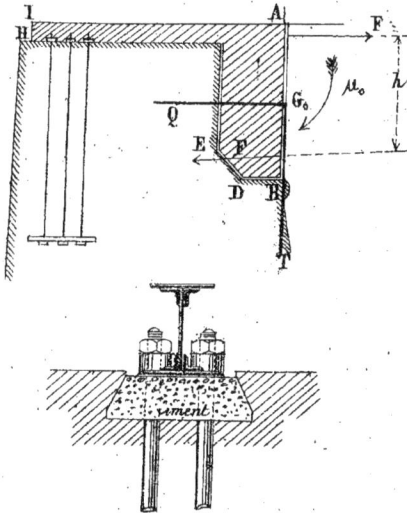

l'une des dispositions
que l'on peut
adopter est celle
indiquée dans le
croquis ci-contre,
par laquelle on
fait naître de la
culée sur la poutre
des forces égales et
directement oppo-
-sées à celles exer-
cées par la portion
de poutre à droite
de la section AB
sur cette section
d'encastrement.

Les forces élastiques qui s'exercent dans cette
section ont pour équivalentes une force horizontale (Q),
appliquée au centre de gravité de la section et qui est
égale à la poussée à la clef, une force verticale (T),
égale à l'effort tranchant dans la section considérée, et
un couple (μ_o) égal au moment fléchissant dans la même
section. Les valeurs relativement faibles des deux premiè-
-res forces, permettent de ne pas insister sur les dispositions
adoptées pour que la culée exerce sur la poutre des actions
qui leur fasse équilibre. Il n'en est pas de même du
couple ; voici comment les choses sont disposées pour
faire naître un couple égal et de sens opposé. Les

forces élastiques qui constituent le couple en A B doivent être considérées comme formant deux groupes de forces normales à cette section, les unes attractives situées au-dessus de la fibre moyenne, les autres répulsives situées au-dessous. Ces deux groupes de forces parallèles ont des résultantes égales mais opposées de direction distantes l'une de l'autre d'une quantité (h), dont la valeur approchée est par suite toujours connue; il en est donc de même de celle des tensions totales sur le longeron, et des compressions totales sur l'arc. Leur valeur commune est alors sensiblement égale à :

$$F = \frac{\mu_0}{h}$$

Pour que la culée fasse naître contre la poutre un effort égal et directement opposé à la compression, on les fait porter l'une contre l'autre par l'intermédiaire de plaques en fonte et de clavettes qui permettent d'obtenir facilement le résultat cherché ; quant à l'effort d'extension voici comment on l'équilibre. Vers l'extrémité de la poutre on amarre dans la culée un nombre (n) de boulons, lesquels étant suffisamment tendus viennent fortement appuyer contre un lit de ciment les semelles convenablement renforcées du longeron. Il est évident que si la pression de la semelle contre le ciment donne naissance à un effort de frottement égal ou supérieur à la traction exercée en (A) sur le longeron, la partie de ce longeron située à gauche de la section (A B) pourra résister à la traction exercée sur elle en A). A cet effet, il suffit que la tension totale des boulons soit égale à :

$$\frac{F}{0.75} = 1.333 \, F$$

Si l'on admet pour coëfficient de frottement entre le ciment et le fer, le chiffre (0,75) évidemment au-dessous de la réalité à cause de l'influence exercée par les têtes des rivets noyées dans le ciment.

Une fois connu l'effort qu'il faut exercer sur les boulons pour assurer l'encastrement, il est toujours facile de réaliser cette hypothèse.

Des Ressorts.

La théorie des ressorts en acier employés dans le matériel des Chemins de fer a été établie par Monsieur Phillips. Ce qui suit résume les connaissances nécessaires pour la détermination pratique de leurs principales dimensions.

Nous supposons le ressort formé de feuilles cintrées en arc de cercle, s'appuyant parfaitement les unes sur les autres, ayant par suite, en étant ainsi appliquées les unes contre les autres, même centre pour les divers arcs de cercles composant les fibres moyennes des lames superposées. Nous admettons de plus que les épaisseurs des feuilles composant le ressort sont constantes, condition qu'il est d'ailleurs essentiel de remplir pour être assuré d'un contact parfait des pièces entre elles. Enfin nous supposons que la flèche de fabrication des diverses lames est assez faible pour que le ressort se trouve presque

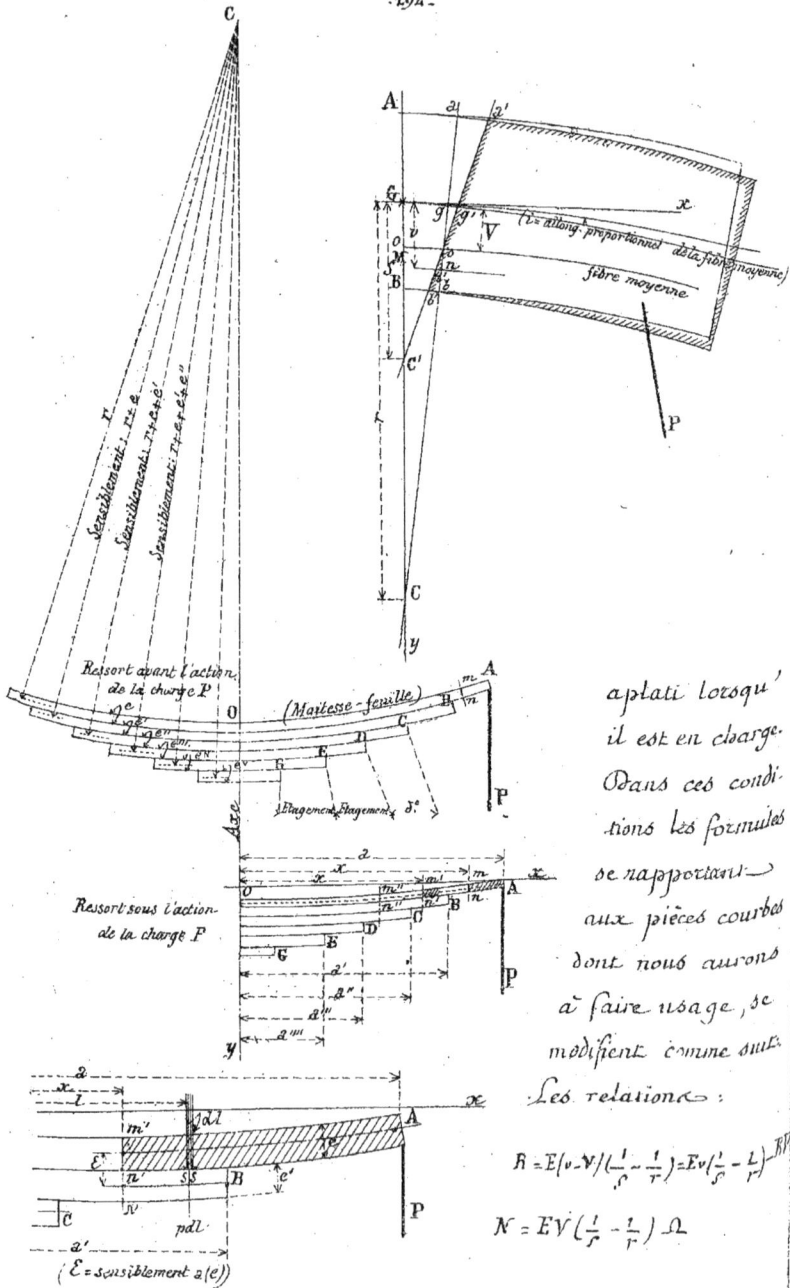

Sensiblement: $r + e$.
Sensiblement: $r + e + e'$.
Sensiblement: $r + e + e' + e''$.

C

A $\qquad$ $(v = $ allong. proportionnel à la fibre moyenne)

V

fibre moyenne

P

C'

C

y

Ressort avant l'action de la charge P

(Maîtresse-feuille)

Étagement Étagement

Ressort sous l'action de la charge P

y

$(\varepsilon = $ sensiblement $2(e))$

aplati lorsqu'
il est en charge.
Dans ces condi-
tions les formules
se rapportant
aux pièces courbes
dont nous aurons
à faire usage, se
modifient comme suit.
Les relations :

$$R = E(v - V) / \left(\frac{1}{\rho} - \frac{1}{r}\right) = Ev\left(\frac{1}{s} - \frac{L}{r}\right)$$

$$N = EV\left(\frac{1}{r} - \frac{L}{r}\right)\Omega$$

$$i = V \left(\frac{1}{\rho} - \frac{1}{r} \right)$$

$$\text{et} \quad \mu = EI \left(\frac{1}{\rho} - \frac{1}{r} \right)$$

deviennent puis que dans le cas considéré, on peut supposer que $(N = \Sigma P_x)$ est sensiblement nul :

$$R = Ev \left(\frac{1}{\rho} - \frac{1}{r} \right) \qquad (1)$$

$$N = 0 \qquad i = 0$$

$$\mu = EI \left(\frac{1}{\rho} - \frac{1}{r} \right) \qquad (2)$$

Ces notions préliminaires rappelées, étudions les conditions de résistance de la maîtresse feuille supposée soumise à son extrémité (A) à l'action d'une force verti-cale (P).

Le moment fléchissant dans la section quel-conque (m.n) de la partie libre (A B) a pour expression :

$$\mu = EI \left(\frac{1}{\rho} - \frac{1}{r} \right) = - P \left(a - x \right) \qquad (3)$$

relation de laquelle on déduit :

$$\frac{1}{\rho} = \frac{\frac{EI}{r} - P (a-x)}{EI} \qquad (4)$$

Le moment fléchissant dans une section quelconque (m'n') au-dessus de l'étagement (B C) a pour valeur, en représentant par (p) la pression exer-cée par unité de longueur en (SS) par la second feuille sur la première :

$$\mu = EI \left(\frac{1}{\rho} - \frac{1}{r} \right) = - P \left(a - x \right) + \int_x^{a'} p \, dl \left(l - x \right)$$

Mais en considérant la portion (n'n, B) de la seconde feuille, on peut écrire :

$$E_1 I_1 \left(\frac{1}{\rho + \varepsilon} - \frac{1}{r + \varepsilon} \right) = - \int_x^{a'} p \, dl \left(l - x \right)$$

Il vient donc en substituant dans l'expression de (μ) :

$$\mu = EI\left(\frac{1}{s} - \frac{1}{r}\right) = -P(a-x) - E_1 I_1\left(\frac{1}{s+\varepsilon} - \frac{1}{r+\varepsilon}\right) \qquad (5)$$

Or (ε) est assez petit pour qu'on puisse le négliger devant (r) et à fortiori devant (s) qui est toujours plus grand que (r). Si nous ne négligeons ce facteur que devant (s), il vient alors :

$$\frac{1}{s} = \frac{\left(\dfrac{EI}{r} + \dfrac{E_1 I_1}{r+e}\right) - P(a-x)}{EI + E_1 I_1} \qquad (6)$$

On trouve de même pour valeur du moment fléchissant dans une section quelconque $(m''n'')$ de la maîtresse feuille au-dessus de l'étagement de la troisième lame :

$$\mu = EI\left(\frac{1}{s} - \frac{1}{r}\right) = -P(a-x) - \left[E_1 I_1\left(\frac{1}{s} - \frac{1}{r+e}\right) + E_2 I_2\left(\frac{1}{s} - \frac{1}{r+e+e'}\right)\right] \quad [7]$$

d'où l'on déduit :

$$\frac{1}{s} = \frac{\left(\dfrac{EI}{r} + \dfrac{E_1 I_1}{r_1} + \dfrac{E_2 I_2}{r_2}\right) - P(a-x)}{EI + E_1 I_1 + E_2 I_2} \qquad (7')$$

Nous obtenons ainsi une suite de formules donnant le rayon de courbure en un point quelconque de la maîtresse feuille lorsque celle-ci supporte une charge connue à ses extrémités ; par suite, nous obtenons aussi le rayon de courbure des diverses sections d'une feuille quelconque du ressort, puisque toutes sont appliquées les unes contre les autres. Ce rayon de courbure déterminé, on en déduit facilement, en appliquant la formule :

$[R = Ev(\frac{1}{s} - \frac{1}{r})]$, la tension ou la compression des fibres dans les divers éléments du ressort.

Supposons, pour simplifier, que les feuilles superposées ont la même épaisseur, qu'elles sont fabriquées avec la même matière, et admettons de plus, qu'on peut négliger à côté du rayon de fabrication (r) les facteurs successifs dus aux épaisseurs dans les expressions : $[\frac{EI}{r}, \frac{E_1I_1}{r+c}, \frac{E_2I_2}{r+c+c'} \ldots]$ Dans ces conditions l'on aura : $[EI = E_1I_1 = \ldots\ldots]$ et les formules donnant les valeurs du moment fléchissant et du rayon de courbure, dans les diverses parties de la maîtresse feuille deviendront :

De A en B :
$$\mu = EI\left(\frac{1}{s} - \frac{1}{r}\right) = -P(a-x) \qquad (8)$$

$$\frac{1}{s} = \left[\frac{\frac{EI}{r} - P(a-x)}{EI}\right]. \qquad (8')$$

De B en C :
$$\mu = EI\left(\frac{1}{s} - \frac{1}{r}\right) = \left[P(a-x) - EI\left(\frac{1}{s} - \frac{1}{r}\right)\right] \qquad (9)$$

$$\frac{1}{s} = \left[\frac{\frac{2EI}{r} - P(a-x)}{2EI}\right] \qquad (9')$$

De C en D :
$$\mu = EI\left(\frac{1}{s} - \frac{1}{r}\right) = \left[P(a-x) - \left(2 \cdot EI\left(\frac{1}{s} - \frac{1}{r}\right)\right)\right] \qquad (10)$$

$$\frac{1}{s} = \left[\frac{\frac{3EI}{r} - P(a-x)}{3EI}\right] \qquad (10')$$

Les efforts d'extension ou de compression auxquels les fibres extrêmes des diverses sections de la maîtresse feuille auront à résister, seront alors donnés en valeur absolue par les équations :

de A en B : $\qquad R = \dfrac{e}{2}\left(\dfrac{P\,(a-x)}{I}\right)$ $\qquad\qquad$ (11)

de B en C : $\qquad R = \dfrac{e}{2}\left(\dfrac{P\,(a-x)}{2\,I}\right)$ $\qquad\qquad$ (12)

de C en D : $\qquad R = \dfrac{e}{2}\left(\dfrac{P\,(a-x)}{3\,I}\right)$ $\qquad\qquad$ (13)

. . . .

Enfin, si les étagements sont tous égaux entre eux, et ont pour valeur commune ($l = \dfrac{a}{n}$), le ressort étant composé de (n) lames, on pourra écrire pour valeurs très-approchées du R des fibres extrêmes dans les diverses sections de la maîtresse lame et des feuilles situées au-dessous :

de A en B :
$\begin{cases} \text{en } A \quad R = 0 \\[2mm] \text{en } B \quad R = \dfrac{e}{2}\,\dfrac{P}{I}\left(\dfrac{a}{n}\right) \end{cases}$ $\qquad$ (14)

de B en C :
$\begin{cases} \text{en } B \quad R = \dfrac{e}{2}\,\dfrac{P}{I}\left(\dfrac{a}{2n}\right) \\[2mm] \text{en } C \quad R = \dfrac{e}{2}\,\dfrac{P}{I}\left(\dfrac{a}{n}\right) \end{cases}$ $\qquad$ (15)

de C en D :
$\begin{cases} \text{en } C \quad R = \dfrac{e}{2}\,\dfrac{P}{I}\left(\dfrac{2}{3}\,\dfrac{a}{n}\right) \\[2mm] \text{en } D \quad R = \dfrac{e}{2}\,\dfrac{P}{I}\left(\dfrac{a}{n}\right) \end{cases}$ $\qquad$ (16)

de D en E :
$\begin{cases} \text{en } D \quad R = \dfrac{e}{2}\,\dfrac{P}{I}\left(\dfrac{3}{4}\,\dfrac{a}{n}\right) \\[2mm] \text{en } E \quad R = \dfrac{e}{2}\,\dfrac{P}{I}\left(\dfrac{a}{n}\right) \end{cases}$ $\qquad$ (17)

En résumé, nous voyons que, dans le cas considéré, la plus grande tension ou compression des fibres des diverses lames, est égale à :

$$\left[R = \frac{e}{2} \times \frac{P}{I} \times \left(\frac{a}{n}\right) \right] \tag{14}$$

qu'à l'origine de chaque étagement, cette plus grande fatigue diminue brusquement, pour ensuite croître gra-duellement et atteindre cette même valeur à l'extrémité de l'intervalle considéré, et que cette diminution dans la valeur de (R) est d'autant plus petite que l'on se rapproche davantage de l'axe du ressort.

Lorsque les étagements ne sont pas égaux, qu'il en est de même des épaisseurs des feuilles compo-sant le ressort, et que l'on veut tenir compte des légères différences qui existent entre les rayons de fabrication des lames placées les unes au-dessous des autres, on calcule le rapport ($\frac{1}{P}$) dans les diverses sections que l'on a à considérer, par les formules (4), (6), (7')... Ce rapport connu, la relation (1) donne la valeur de (R) qui se rapporte aux divers éléments de ces sections.

Quelque soit le cas considéré, on reconnaît qu'à l'inverse de R, le rayon de courbure va en dimi-nuant depuis l'origine jusqu'à l'extrémité de chaque intervalle au-dessus des étagements, et que ce rayon, après avoir diminué, augmente brusquement, au moment où l'on passe d'un intervalle au suivant.

Étudions maintenant la déformation que le ressort subit sous l'action de la charge (P).

Supposons le ressort composé de (n) feuilles

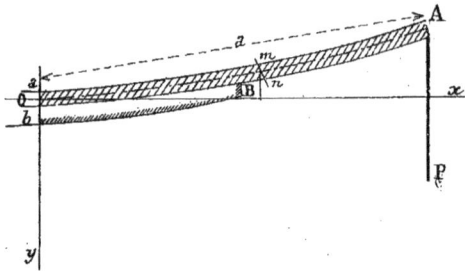

de section constante parfaitement appliquée l'une contre l'autre, et placée dans les conditions admises pour établir les formules (14), (15)....
Rapportons la fibre moyenne de la maîtresse feuille à un système d'axes coordonnés dont l'origine se trouve à sa rencontre avec l'axe du ressort, et dont l'axe des (x) est la tangente à cette fibre. Puisque dans le cas considéré, la fibre moyenne de la maîtresse feuille est peu inclinée sur l'horizontale, on peut écrire pour relation entre les coordonnées du centre de gravité d'une section quelconque du (mème) intervalle et le rayon de courbure en ce point, après déformation:

$$-\frac{d^2 y}{dx^2} = \frac{1}{\rho} = \left[\frac{m\frac{EI}{r} - P(a-x)}{m\,EI}\right] = \left[\left(\frac{1}{r} - \frac{Pa}{m\,EI}\right) + \frac{Px}{m\,EI}\right] = a + bx$$

d'où l'on déduit en intégrant deux fois :

$$- y = \frac{ax^2}{2} + \frac{bx^3}{6} + Cx + C'$$

constantes dont on détermine les valeurs dans chaque inter-valle au-dessus d'un étagement en exprimant que l'ordonnée et l'inclinaison de la fibre moyenne à l'extrémité de cet intervalle et à l'origine du suivant ont la même valeur, et qu'à l'origine du système d'axes coordonnés ces deux quantités sont nulles. Supposons pour simplifier que le ressort étant composé de deux lames on demande de calculer l'abaissement du point A. On aura, en considérant la portion de maîtresse-feuille (abB) :

$$- \frac{d^2y}{dx^2} = \frac{1}{r} - \frac{P}{2EI} a + \frac{Px}{2EI} \cdot \qquad (1)$$

d'où : $- \dfrac{dy}{dx} = \left(\dfrac{1}{r}\right)x - \dfrac{Pax}{2EI} + \dfrac{Px^2}{4EI} \qquad (2)$

et : $- y = \dfrac{x^2}{2r} - \dfrac{Pax^2}{4EI} + \dfrac{Px^3}{12EI} \qquad (3)$

En considérant la seconde moitié de la maîtresse feuille, il vient :

$$- \frac{d^2y}{dx^2} = \left(\frac{1}{r}\right) - \frac{P}{EI} a + \frac{Px}{EI} \qquad (4)$$

d'où : $- \dfrac{dy}{dx} = \left(\dfrac{1}{r}\right)x - \dfrac{Pax}{EI} + \dfrac{Px^2}{2EI} + c \qquad (5)$

Et : $- y = \left(\dfrac{1}{r}\dfrac{x^2}{2}\right) - \dfrac{Pax^2}{2EI} + \dfrac{Px^3}{6EI} + Cx + c' \qquad (6)$

Pour déterminer les constantes (C et C') nous exprimons que les équations (2) et (5) ont même valeur de $\left(\dfrac{dy}{dx}\right)$ et de (y) pour $\left(x = \dfrac{a}{2}\right)$; on obtient ainsi :

$$- \frac{dy}{dx} = \frac{x}{r} - \frac{Pax}{EI} + \frac{Px^2}{2EI} + \frac{3Fa^2}{16EI} \qquad (8)$$

Et : $- y = \dfrac{x^2}{2r} - \dfrac{Pax^2}{2EI} + \dfrac{Px^3}{6EI} + \dfrac{3Pa^2x}{16EI} - \dfrac{Pa^3}{24EI} \qquad (9)$

L'abaissement du point extrême (A) du ressort se déduit alors de l'équation (9) en faisant dans cette relation $(x = a)$, et en retranchant l'expression obtenue de la valeur qu'elle prend lorsqu'on y fait ($P = 0$), on obtient ainsi :

$$i = \frac{9\, Pa^3}{48\, EI}$$

En opérant d'une manière identique à celle que nous venons d'indiquer, on trouve, pour expression de la flexion subie par le point extrême (A), dans le cas où le ressort a (n) lames :

$$i = \frac{Pa^3}{3\,n\,EI} + \frac{Pa^3}{3\,n^3\,EI}\left(\frac{(n-1)\,(n-2)}{2} + \frac{1}{2} + \frac{1}{3} + \frac{1}{4} + \ldots + \frac{1}{n}\right).$$

La flexion que cette formule indique suppose que la charge agit statiquement, c'est-à-dire, que le ressort n'a été soumis que petit à petit à l'action de cette charge; il peut être intéressant de rechercher quel effet produit le mouvement oscillatoire qui prend naissance lorsqu'elle agit brusquement, c'est ce que nous faisons ci-dessous.

Soit (2 P) la charge totale portée par le ressort, l'équation du mouvement de l'une des charges sera :

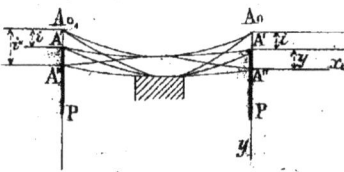

$$\left(\frac{P}{g}\right)\frac{d^2 y}{dt^2} = P - \left[\text{action du ressort} = \left(\frac{i+y}{i}\right)P\right]$$

d'où : $\dfrac{d^2 y}{dt^2} = -\left(\dfrac{g}{i}\right) y$.

Mais ($\frac{dy}{dt} = v$), on a donc, en représentant par (V_0) la vitesse de (P) à l'instant où la flexion à l'extrémité du ressort est la flexion (i) due à l'action statique de la charge (2 P) :

$$V^2 = V_0^2 - \left(\frac{g}{i}\right)y^2$$

D'où l'on déduit pour expression de la vitesse à un moment donné :

$$V = \sqrt{V_0^2 - \left(\frac{g}{i}\right) y^2}$$

Vitesse nulle pour :

$$y = \pm V_0 \sqrt{\frac{i}{g}}$$

et maximum pour $(y = 0)$, c'est-à-dire pour le moment où le ressort passe par sa position d'équilibre.

L'amplitude des oscillations du ressort est égale à : $\left(2y = 2V_0 \sqrt{\frac{i}{g}}\right)$; on peut donc dire que, toutes choses égales d'ailleurs, ces oscillations sont d'autant plus grandes que (i) l'est davantage, et par conséquent que la flexion du ressort en équilibre sous sa charge est considérable.

De la relation (1) on déduit :

$$d t = \frac{dy}{\sqrt{V_0^2 - \left(\frac{g}{i}\right) y^2}} = \sqrt{\frac{i}{g}} \left[\frac{d \cdot \left(y \sqrt{\frac{g}{i \cdot v_0^2}} \right)}{\sqrt{1 - \left(\frac{g}{i \cdot v_0^2}\right) y^2}} \right]$$

d'où : $\quad t = \left(\sqrt{\frac{i}{g}} \right) \text{ arc } Sin \left[= \frac{y}{v_0} \sqrt{\frac{g}{i}} \right]$

Si nous comptons le temps à partir de la position d'équilibre du ressort. Faisant dans cette équation $\left(y = V_0 \sqrt{\frac{i}{g}} \right)$, on trouve pour durée d'une demi-oscillation :

$$\theta = \frac{\pi}{2} \sqrt{\frac{i}{g}}$$

D'où l'on déduit pour durée d'une oscillation entière :

$$2\,\theta = \pi \sqrt{\frac{i}{g}}$$

Le temps d'une oscillation est donc le même que pour un pendule dont la longueur serait égale à (i), c'est-à-dire à la flexion du ressort supposé en équilibre sous sa charge. Ainsi, plus un ressort est chargé plus il oscille lentement, mais aussi plus ses oscillations sont grandes.

Pour apprécier l'influence que ce mouvement oscillatoire exerce sur les conditions de résistance du ressort il faut pouvoir déterminer (V_0) dans l'équation (1), à cet effet, voici comment on opère : On rapporte le mouvement de l'une des extrémités de la maîtresse-feuille, au système d'axes (oyx) dont l'origine se trouve à la position initiale de cette extrémité (A). On a alors, en soumettant cette extrémité à l'action de (F) supposé agir sans vitesse initiale :

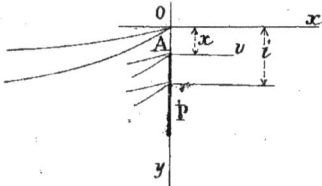

$$\frac{P}{2g}\left(v^2 - 0\right) = \int F\,dx - \left(\frac{x}{i}\right)F\,dx = Fx\left(\frac{2i - x}{2\,i}\right)$$

d'où : $V^2 = gx\left(\dfrac{2i - x}{i}\right)$

quantité maximum pour $x = i$ et égale à (gi), et quantité nulle pour $x = 2i$.

Dans ces conditions l'abaissement du

point extrême est le double de celui qui répond a l'action statique de (P), les efforts intérieurs qui prennent naissance sont donc dans ce cas, le double de ceux qui répondent à cette action statique de la charge.

Voyons maintenant comment se comportent les ressorts de choc. Supposons qu'ils aient à amortir un travail total $2T_m$), par suite, que chaque extrémité amortisse (T_m). Représentons par (P) la pression contre l'extrémité (A) qui maintiendrait l'abaissement (i) à la fin de sa course, et par (p) la pression correspondant à un abaissement quelconque (y).

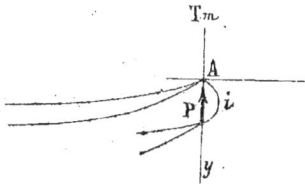

On a $(y = Ap)$. (A) représentant une constante dont la valeur dépend des dimensions du ressort, on peut donc écrire que :

$$T_m = \int_0^Q p\,dy = \int_0^Q \frac{y\cdot dy}{A} = \frac{y^2}{2A}\begin{cases} y = i \\ y = 0 \end{cases} = \frac{i^2}{2A}$$

Mais $(i = AP)$ on a donc :

$$T_m = \frac{A P^2}{2} \quad \text{et} \quad T_m = \frac{i^2}{2A}$$

relation donnant (Q) et (i), par suite la fatigue dans les diverses parties du ressort.

On peut vouloir chercher à exprimer le travail résistant qu'un ressort peut développer lorsqu'il s' aplatit, par conséquent, l'expression du travail que ce ressort peut amortir dans cette hypothèse. Voici comment on résout cette question :

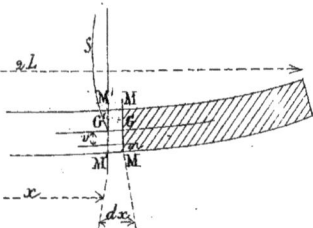

Considérons un élément $(d\omega)$ d'une section quelconque (MM) d'une feuille du ressort ; à la position actuelle de cette lame répond une traction ou compression sur cet élément $(d\omega)$ égale à :

$$df = E\, d\omega\, v \left(\frac{1}{r} - \frac{1}{s} \right)$$

et un travail de cette force, pour une légère déformation subie par la lame, égal à :

$$\left(E\, d\omega\, v \left(\frac{1}{r} - \frac{1}{s} \right) + v\, d \left(\frac{1}{r} - \frac{1}{s} \right) dx \right)$$

La lame s'infléchissant entre les limites $(s = s_1)$ et $(s = s_0)$ le travail total de la force attractive ou répulsive exercée sur $(d\omega)$ aura pour expression :

$$dt_f = E\, d\omega\, v^2 \frac{\left[\left(\frac{1}{r} - \frac{1}{s_1} \right)^2 - \left(\frac{1}{r} - \frac{r}{s_0} \right)^2 \right]}{2}\, dx$$

Le travail total des efforts exercés contre la section (MM) sera donc :

$$t_f = \frac{EI}{2} \left[\left(\frac{1}{r} - \frac{1}{s_1} \right)^2 - \left(\frac{1}{r} - \frac{1}{s_0} \right)^2 \right] dx$$

Le travail total des forces intérieures dans la lame considérée aura pour valeur :

$$T = \int_{f_o}^{f_i} \frac{EI}{2} \left[\left(\frac{1}{r} - \frac{1}{f_i} \right)^2 - \left(\frac{1}{r} - \frac{1}{f_o} \right)^2 \right] da$$

Et si nous considérons le travail depuis le moment où la lame commence à fléchir jusqu'au moment où elle est aplatie, on aura en représentant par $(2\,d)$ la longueur de la feuille :

$$T = E I d \left(\frac{1}{r} \right)^2$$

Soit (e) l'épaisseur de la feuille et (b) sa largeur, on aura $\left(I = \frac{be^3}{12} \right)$ d'où : $T = \frac{E b e^3 d}{12\, r^2}$, mais $(2\, b\, e\, d)$ est le volume (u) de la feuille, on a donc $T = \frac{E.u.e^2}{2 \times 12 \, r^2}$. Enfin, $\left(\frac{E e}{2 r} \right)$ représente la plus grande tension ou compression R, à laquelle les fibres sont fournies quand le ressort est aplati, on peut donc aussi écrire que :

$$T = \frac{R^2 u}{6 E}$$

Si toutes les feuilles du ressort sont fournies en leurs éléments extrêmes à la même tension (R), on aura, en représentant par (U) le volume du ressort, pour expression du travail total dû aux forces intérieures :

$$T = \frac{R^2 U}{6 E}$$

Dans le cas considéré, le volume du ressort aplati a pour valeur :

$$\frac{2\, d\, b\, e}{n} \left(1 + 2 + 3 + 4 + 5 + \ldots + n \right)$$

$$= d\, b\, e \, (1 + n)$$

L'expression du travail T est donc parfaitement

déterminée.

———

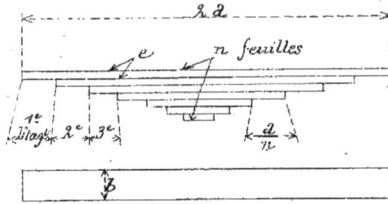

En résumé, nous pouvons conclure de tout ce qui précède quelques formules que nous indiquons ci-dessous et qui peuvent servir à vérifier les conditions de résistance des ressorts.

Si nous les supposons formés de (n) feuilles de même épaisseur, décrites d'un même centre lorsqu'elles sont placées les unes sur les autres, à étagements égaux chacun à $\left(\frac{a}{n}\right)$, (a) représentant la demi-longueur de la maîtresse feuille, et si nous admettons la flèche de fabrication assez faible pour que le ressort étant aplati son élasticité ne soit pas altérée, on trouve, en supposant que la maîtresse feuille est soumise à chaque extrémité à l'action d'une force verticale (P) :

Rayon de courbure dans le 1er étagement $\dfrac{1}{\rho} = \dfrac{1}{r} - \dfrac{P(a-x)}{EI} = $ à l'extrémité de cet étagement à : $\left(\dfrac{1}{r} - \dfrac{P}{EI} \cdot \dfrac{a}{n}\right)$

$\qquad$ " $\qquad$ 2e " $\qquad$ $\dfrac{1}{\rho} = \dfrac{1}{r} - \dfrac{P(a-x)}{2EI} = $ " $\qquad$ " $\qquad$ à : $\left(\dfrac{1}{r} - \dfrac{P}{EI} \cdot \dfrac{a}{n}\right)$

$\qquad$ " $\qquad$ 3e " $\qquad$ $\dfrac{1}{\rho} = \dfrac{1}{r} - \dfrac{P(a-x)}{3EI} = $ " $\qquad$ " $\qquad$ à : $\left(\dfrac{1}{r} - \dfrac{P}{EI} \cdot \dfrac{a}{n}\right)$

Le rayon de courbure à l'extrémité de chaque étagement a une valeur constante. Si l'on voulait que ce rayon de courbure soit constant dans toutes les sections de la lame il faudrait donner aux étagements successifs des feuilles des sections variables qui résultent des formules ci-dessus lorsqu'on se donne $(\frac{1}{r})$, et que l'on en déduit la section correspondante.

La plus grande valeur que (P) peut atteindre dans l'hypothèse où $(\frac{1}{r})$ est constant, est celle qui aplatit le ressort, elle est égale à :

$$P = \left(\frac{n \cdot EI}{2 \; r} \right)$$

Et comme il faut toujours admettre que le ressort peut être soumis à l'action instantanée de la charge qu'il est appelé à supporter, il ne faut pas le soumettre à l'action d'une force plus grande que $(\frac{P}{2})$.

Les efforts d'extension ou de compression auxquels les fibres extrêmes de la maîtresse feuille ont à résister, résultent des relations :

premier étagement : $\quad R = \dfrac{e}{2} \left(\dfrac{P(a-x)}{I} \right)$

deuxième étagement : $\quad R = \dfrac{e}{2} \left(\dfrac{P(a-x)}{2\,I} \right)$

troisième étagement : $\quad R = \dfrac{e}{2} \left(\dfrac{P(a-x)}{3\,I} \right)$

. . . .

La section des feuilles étant constante, il résulte de ces nombres :

qu'à l'origine du premier étagement $\quad R = 0$

" l'extrémité du premier étagement $\quad R = \dfrac{e}{2} \dfrac{P}{I} \dfrac{a}{n}$

qu'à l'origine du second étagement $\quad R = \dfrac{e}{2} \dfrac{P}{I} \dfrac{a}{2n}$

" l'extrémité du second étagement $\quad R = \dfrac{e}{2} \dfrac{P}{I} \dfrac{a}{n}$

Qu'à l'origine du 3ᵉ Étagement $R = \frac{e}{2} \cdot \frac{P}{I} \cdot \frac{2d}{3n}$

Qu'à la fin du 3ᵉ Étagement $R = \frac{e}{2} \cdot \frac{P}{I} \cdot \frac{a}{n}$

La section des barres étant toujours supposée constan-te, on trouve pour expression de la flexion subie par le point extrême de la maîtresse feuille :

$$i = \frac{P a^3}{3 n E I}\left[1 + \frac{1}{n^2}\left(\frac{(n-1)(n-2)}{2} + \frac{1}{2} + \frac{1}{3} + \frac{1}{4} + \cdots + \frac{1}{n} \right) \right] = PA$$

La flèche de fabrication (f) du ressort, étant $\left(\frac{d^2}{2r}\right)$ pour que (i) soit égal à cette flèche, il faut que :

$$P = \frac{3 \cdot n \cdot E I}{2 a r\left[1 + \frac{1}{n^2}\left(\frac{(n-1)(n-2)}{2} + \frac{1}{2} + \frac{1}{3} \cdots + \frac{1}{n} \right) \right]}$$

Lorsque le ressort au lieu d'être chargé graduel-lement est soumis à l'action instantanée de la charge qu'il doit supporter, ses extrémités sont animées d'un mouvement de va et vient dont la durée d'une oscillation est :

$$2\,\theta = \pi \sqrt{\frac{i}{g}}$$

(i) étant la flexion du ressort supposé en équili-bre sous l'action de la charge qu'il supporte. De plus, la flexion totale que l'extrémité du ressort subit est le double de (i), les efforts intérieurs qui prennent naissance ont donc une valeur double de celle qui répond au cas où la charge agit statiquement.

Lorsqu'un ressort annule un certain travail (Tm), dû généralement à un choc, on a pour relations entre ce travail, la constante (A), la flexion totale (i) subie par l'extré-mité de la première feuille, et l'effort (P) qui agissant statiquement sur le ressort produirait la même flexion totale (i) :

$$T_m = \frac{A P^2}{2} \qquad T_m = \frac{i^2}{2\lambda} \qquad , \text{ d'où l'on déduit } (P)$$

et par suite (R).

Lorsqu'on exprime ce travail en fonction du volume (U) du ressort, on trouve :

$$T_m = \frac{R^2 U}{6 E}$$

Quant au volume, il a pour expression, toujours dans le cas où la section des feuilles est constante :

$$U = a b e \, (1 + n).$$

Fin

Table des Matières.

Applications relatives à la Flexion.

Applications relatives à la Torsion

Applications relatives à la Résistance à la compression.

Applications diverses.

Tabliers métalliques

1°. En Poutres droites.

2°. Ponts en poutres courbes.

www.ingramcontent.com/pod-product-compliance
Lightning Source LLC
Chambersburg PA
CBHW060407200326
41518CB00009B/1278